EMPLOI

DES

EAUX D'ÉGOUT

EN AGRICULTURE

D'APRÈS

LES FAITS OBSERVÉS EN FRANCE ET A L'ÉTRANGER.

Paris. — Imprimerie de Cusset et Cᵉ, rue Racine, 26.

EMPLOI

DES

EAUX D'ÉGOUT

EN AGRICULTURE

D'APRÈS

LES FAITS OBSERVÉS EN FRANCE ET A L'ÉTRANGER

PAR

M. CHARLES DE FREYCINET,

INGÉNIEUR AU CORPS IMPÉRIAL DES MINES.

« Tant que les éléments de la repro-
« duction ne seront pas employés pour
« le bien, ils travailleront pour le mal. »
(Henry Austin, *Report of the general Board of Health*, 1857.)

PARIS

DUNOD, ÉDITEUR,

SUCCESSEUR DE Vve DALMONT,

Précédemment Carilian-Gœury et V^{or} Dalmont,

LIBRAIRE DES CORPS IMPÉRIAUX DES PONTS ET CHAUSSÉES ET DES MINES,

Quai des Augustins, 49.

1869

EMPLOI

DES

EAUX D'ÉGOUT EN AGRICULTURE

D'APRÈS

LES FAITS OBSERVÉS EN FRANCE ET A L'ÉTRANGER.

Tout le monde est aujourd'hui d'accord pour admettre que les matières fertilisantes contenues dans les eaux d'égout doivent être détournées des rivières qu'elles corrompent et livrées aux terres qu'elles enrichissent; on ne diffère que sur les moyens à employer pour atteindre ce but. Les uns pensent que ces matières peuvent être avantageusement séparées des eaux à l'aide de quelque traitement chimique, et c'est sous la forme concentrée qu'il convient, selon eux, d'offrir l'engrais à l'agriculture. Selon d'autres, c'est l'eau d'égout elle-même qui doit être répandue sur les terres; les plantes, disent-ils, sont le meilleur agent possible de séparation : tout mode artificiel est à la fois plus dispendieux et moins efficace. Ainsi deux méthodes sont en présence : l'une par les moyens chimiques, l'autre par les voies agricoles. De ces deux méthodes quelle est la bonne, et, ce point reconnu, comment doit-elle être pratiquée? Tel est le problème que nous essayerons de résoudre d'après les résultats obtenus jusqu'à ce jour en France et à l'étranger.

Notre travail sera divisé en trois parties : la première sera consacrée à l'étude des procédés chimiques ; la seconde à l'étude des procédés agricoles ; et la troisième à la description d'un certain nombre d'entreprises d'irrigations qui se poursuivent actuellement sur divers points de l'Europe. Nous terminerons par quelques conclusions résumant l'ensemble des considérations développées dans les trois chapitres.

CHAPITRE PREMIER.

PROCÉDÉS CHIMIQUES.

Nous rangeons sous cette dénomination tous les procédés par lesquels on cherche à séparer tout ou partie des matières qui souillent les eaux d'égout, à l'aide de quelque substance ajoutée à ces eaux. Nous y rattacherons, à cause de l'analogie des manipulations, bien qu'aucune réaction chimique n'y intervienne, les méthodes de séparation incomplète par voie de simple dépôt ou de filtrage. Les deux catégories d'opérations ont généralement été essayées dans les mêmes localités et ont eu les mêmes partisans ; on était conduit des unes aux autres, soit par le désir de simplifier le traitement au détriment du résultat, soit au contraire par le désir d'améliorer le résultat au prix d'une complication du traitement.

Les principaux ingrédients chimiques dont on a fait usage, sont : la chaux, le chlorure de chaux, le perchlorure de fer, le sulfate d'alumine et l'acide phénique. La chaux qu'on se procure à bon marché à peu près partout, a eu les applications de beaucoup les plus étendues.

1° *Applications en Angleterre.*

Une première série d'expériences sur la chaux et les sels phéniqués a eu lieu en 1856 à Manchester, par les soins des Drs Angus Smith, Grace Calvert et Mac-Dougall, en vue d'obtenir la purification de la rivière Medlock, qu'on peut assimiler à un égout dans la traversée de cette ville, à cause de la quantité de résidus industriels et d'immondices qu'elle reçoit. Les eaux étaient arrêtées dans des bassins où s'effectuait le mélange avec la chaux, sous l'influence d'agitateurs mécaniques. Les premières expériences, portant sur 4.000 mètres cubes, démontrèrent que l'addition d'un peu plus de 1/10.000 de chaux suffisait pour déterminer la clarification. On reconnut ensuite que la chaux n'était pas épuisée par une première réaction, mais qu'on pouvait faire agir le précipité sur de nouvelles quantités d'eau impure, ce qui permit de réduire la consommation de chaux à 1/30.000. Les eaux, bien que très-claires, conservaient de l'odeur, ou, du moins, la reprenaient au bout de quelque temps. Ce fut pour la combattre qu'on eut recours alors à la poudre Mac-Dougall (mélange de phénate de chaux et de sulfite de magnésie), à la dose de 30 grammes pour 1 kilogramme de chaux employée. On parvint ainsi à diminuer la tendance à la putréfaction. Toutefois, soit par suite de la dépense ou de la difficulté des manipulations, soit par l'impossibilité d'obtenir pratiquement une désinfection satisfaisante ou par toute autre cause, les expérimentateurs discontinuèrent leurs essais, et ils ne nous ont pas paru, quand nous les avons vus quelques années plus tard, disposés à les reprendre.

La chaux a été de nouveau expérimentée à Londres, à diverses reprises, notamment par les Drs Hofmann, Witt, Thomas Way, Franckland et Letheby. MM. Hofmann et Witt ont traité une première fois les eaux d'égout de la métropole par un peu moins de 3 dix-millièmes de chaux (*). Ils ont reconnu qu'une partie seulement des matières fertilisantes était précipitée et que le dépôt conservait de l'odeur. Quant au liquide il demeurait louche même après plusieurs heures de repos et était susceptible d'entrer de nouveau en fermentation par suite de la quantité de matières organiques qu'il contenait en dissolution. Ces essais ont été repris par M. Thomas Way, qui a employé la chaux à une dose un peu moindre. Il a constaté que 2 dix-millièmes suffisaient à produire tout l'effet qu'on en pouvait attendre. Ses analyses constatent les résultats très-importants que voici : 1° la chaux ne précipite que la matière organique en suspension qu'une filtration eût séparée, mais ne précipite pas la matière organique engagée en dissolution ; 2° l'ammoniaque fixée dans le précipité provient uniquement de la partie insoluble ; 3° la potasse soluble n'est pas fixée ; 4° les cinq sixièmes de l'acide phosphorique sont précipités (**). Le traitement par la chaux n'ajoute donc au dépôt séparé

(*) Exactement 0gr,285 de chaux par litre d'eau d'égout.

(**) Voici, d'après M. Ronna, le tableau des analyses faites sur les eaux de l'égout de Northumberland, puisées en mars 1859 :

NATURE DES SUBSTANCES.	MATIÈRES PAR LITRE.		
	avant l'épuration.	après l'épuration.	précipitées.
	grammes.	grammes.	grammes.
Matière organique soluble	0,2770	0,2760	0,505
Matière organique insoluble	0,5580	»	
Chaux	0,1445	0,1320	0,213
Magnésie	0,0202	0,0134	0,003
Soude	0,0570	0,0322	0,014
Potasse	0,0522	0,0542	
Chlorure de sodium	0,3766	0,3494	
Acide sulfurique	0,0762	0,0854	0,016
Acide phosphorique	0,0375	0,0064	0,029
Acide carbonique	0,1284	0,0740	0,127
Silice, oxyde de fer, etc.	0,0884	0,0032	0,085
	1,8160	1,0262	0,992
Ammoniaque	1,100	0, 107	0,040

par un simple filtrage aucun élément fertilisant si ce n'est de l'acide phosphorique. Ces résultats sont plus défavorables encore quand les eaux d'égout ne sont pas *fraîches*, c'est-à-dire quand elles ont subi un commencement de putréfaction ; en ce cas il y a un dégagement d'ammoniaque et des odeurs désagréables.

Des essais en grand, entrepris pour le compte de la ville de Londres, par les Drs Hofmann et Franckland, en 1859 et 1860, ont eu pour objet de constater la valeur respective, comme désinfectant, de la chaux, du chlorure de chaux et du perchlorure de fer. Ces essais, par la quantité de matières employées, se rapprochent tout à fait des conditions ordinaires de la pratique. Les auteurs en ont rendu compte en ces termes, dans leur rapport au conseil métropolitain des travaux : « Afin, disent-ils, de nous « mettre à même d'opérer sur une échelle suffisante, des « bassins en briques, doublés de ciment, et contenant « chacun 7.500 gallons (34 mètres cubes 1/2), furent con- « struits à l'embouchure de l'égout King's Scholars Pond. « Les eaux étaient élevées dans ces bassins au moyen d'une « pompe à vapeur, et les divers désinfectants étaient mé- « langés, soit en les introduisant dans le jet au fur et à « mesure du remplissage, soit en les agitant mécanique- « ment au sein de la masse liquide.

« De plusieurs expériences ainsi conduites, il ressort que « chacun des 3 agents susmentionnés (le perchlorure de « fer, le chlorure de chaux et la chaux) peut désinfecter « immédiatement les 7.500 gallons, quand on les applique « dans les proportions suivantes :

Perchlorure de fer. . . .	1/2 gallon.
Chlorure de chaux. . . .	3 livres (1k.454)
Chaux.	1 bushel (8 gallons).

« Il en résulte que 1 million de gallons (4.543 mètres « cubes) d'eau d'égout exigent respectivement :

	l.	s.	d.	f.
66 gallons de perchlorure de fer coûtant.	1	13	3	(41,55)
400 livres de chlorure de chaux.	2	2	10 1/2	(53,85)
132 1/2 bushels de chaux.	3	6	6	(83,30)

Ces chiffres ramenés au mètre cube d'eau d'égout donnent respectivement, pour la dépense de désinfection d'un mètre cube :

	francs.
1° Avec la chaux.	18,15
2° Avec le chlorure de chaux.	11,90
3° Avec le perchlorure de fer.	9,15

Pour juger de la permanence de la désinfection, c'est-à-dire pour déterminer le temps au bout duquel les liquides séparés des dépôts obtenus avec les divers réactifs entrent en putréfaction, ces expérimentateurs ont traité respectivement par la chaux, le chlorure de chaux et le perchlorure de fer trois quantités égales d'eau d'égout, recueillies dans les mêmes conditions, et après désinfection parfaite ils ont laissé reposer et décanté les liquides qu'ils ont ensuite abandonnés à eux-mêmes. Ils ont reconnu que la putréfaction se produisait après des délais variables selon la nature de l'agent employé, et que ces délais étaient :

1° Pour la chaux.	2 jours.
2° Pour le chlorure de chaux. . . .	4 jours.
2° Pour le perchlorure de fer. . .	10 jours.

ce qui établit de nouveau la supériorité de ce dernier réactif sur les deux autres.

Examinant enfin une autre face de la question, les Drs Hofmann et Franckland ajoutent : « Il nous reste à « porter notre attention particulière sur la nécessité de « décharger les eaux d'égout dans la rivière, aussi privées « que possible de matières en suspension. Nous avons

« trouvé que ces matières, une fois séparées des eaux, « même désinfectées, passent rapidement dans les temps « chauds à un état de putréfaction active. Leur enlèvement « préviendrait à un haut degré la formation de dépôts insa- « lubres sur les bords de la Tamise, sans parler de l'amé- « lioration qui en résulterait dans l'aspect du fleuve... La « tendance putrescive des matières séparées rend leur « rapide enlèvement de la plus haute importance, surtout « pendant l'été. Car le travail de la fermentation, une fois « commencé, ne peut plus être arrêté que par des masses « de désinfectants pratiquement impossibles..... Les opé- « rations de cette espèce doivent être conduites aussi loin « que possible des districts populeux. » M. Hofmann nous a confirmé de vive voix ces conclusions.

De son côté, M. Way est arrivé à des résultats semblables en traitant par le perchlorure de fer l'eau des égouts de Croydon, dont la composition est un peu moins chargée que celle de Londres. Il a déduit de ses analyses (*), que le perchlorure ne sépare pas de matière organique ni l'ammoniaque contenue dans les eaux d'égout, ce qui explique

(*) En voici le tableau :

NATURE DES SUBSTANCES.	MATIÈRES PAR LITRE.	
	avant le traitement.	après le traitement.
	grammes.	grammes.
Matière organique	0,1312	0,1398
Chaux	0,1604	0,1223
Magnésie	0,0193	»
Soude	0,0269	»
Potasse	0,0155	»
Chlorure de calcium	»	0,0613
Chlorure de magnésium	»	0,0432
Chlorure de sodium	0,0796	0,1321
Chlorure de potassium	»	0,0248
Acide phosphorique	0,0092	traces.
Acide sulfurique	0,0489	0,0508
Acide carbonique	0,0680	0,0245
	0,5590	0,5988
Ammoniaque	0,0331	0,0332

très-bien pourquoi les liquides, malgré une désinfection en apparence parfaite, finissent toujours par rentrer en putréfaction. On a essayé, du reste, à Croydon, d'épurer de cette manière les eaux d'égout qui souillaient la Wandle et provoquaient les plaintes des riverains, mais on a dû y renoncer, en présence de la cherté du réactif et de l'insuffisance des résultats obtenus.

Le chlorure de chaux a été expérimenté par un grand nombre de chimistes. Indépendamment des essais que nous venons de rapporter, de MM. Franckland et Hofmann, le Dr Letheby a fait pour le compte de la Cité de Londres une série d'observations, tant sur l'effet du chlorure que sur divers autres réactifs. Il a constaté, comme ses confrères, qu'avec une dose convenable de réactif on peut obtenir une désinfection qui semble satisfaisante, mais il n'a pas confiance dans le résultat final de l'opération et il doute que le chlorure de chaux ou tout autre agent chimique puisse, même à dose élevée, détruire la totalité des éléments organiques qui constituent, selon lui, le véritable danger des eaux d'égout. « Sans doute, dit-il, comme conclusion de ses expériences, la destruction d'odeurs impures comme celle de l'hydrogène sulfuré peut être de « quelque avantage; mais il n'y a pas la moindre preuve « que ce soit là les seuls ou même les principaux éléments « d'insalubrité; *et il n'y a aucun motif scientifique de croire « que leur destruction soit suffisante pour diminuer la cause « ou l'étendue d'une épidémie.* »

Le sulfate d'alumine a été principalement étudié par MM. Hofmann et Witt et par M. Way. Ce dernier l'a employé avec addition de chaux, de sulfate de zinc et de charbon de bois, d'après le procédé Stothert, ce qui donne une séparation plus complète. A cet effet, il brassait dans 1 mètre cube d'eau d'égout, 1 kilog. de sulfate d'alumine, 50 grammes de sulfate de zinc et 1 kilog. de charbon de bois pulvérisé. Il ajoutait ensuite au mélange 300 grammes de chaux éteinte. Il résulte de ses analyses (*) que le liquide séparé ne diffère pas essentiellement de celui qu'on obtient avec la chaux seule, si ce n'est qu'il ne contient plus d'acide phosphorique; mais il contient, comme dans le traitement par la chaux, une proportion notable de matières organiques, il n'est pas entièrement privé d'odeurs et il entre, au bout de peu de jours, en putréfaction.

Les résultats obtenus par le même savant avec un mélange de phosphate acide de chaux et de magnésie sont encore moins satisfaisants. La liqueur filtrée conserve un tiers de l'acide phosphorique et la presque totalité de l'ammoniaque.

Nous passons sous silence les essais faits sur plusieurs autres substances, qui ont paru moins efficaces que les précédentes.

L'impression qui résulte de l'ensemble de ces observations n'est pas favorable aux procédés chimiques. La pratique a plus que confirmé cette impression, comme on en pourra juger par le récit succinct de quelques entreprises

(*) Nous en empruntons le tableau à M. Ronna:

NATURE DES SUBSTANCES.	MATIÈRES PAR LITRE avant traitement.	après traitement.	précipitées.
	grammes.	grammes.	grammes.
Matières organiques en suspension.	0,2425	0,3078	1,7353
Matières organiques en dissolution.	0,5853		
Chaux.	0,2098	0,3026	0,1920
Magnésie.	0,0259	0,0258	0,0117
Alumine.	»	0,0109	0,1418
Oxydes de zinc et de fer.	0,0376	0,0143	0,1266
Soude.	0,0342	0,0322	0,0071
Potasse.	0,0509	0,0533	
Chlorure de sodium.	0,3225	0,3210	
Acide sulfurique.	0,0713	0,4576	
Acide phosphorique.	0,0821	traces.	0,0552
Acide carbonique.	0,1272	»	0,1208
Silice.	0,1555	0,0035	0,1502
	1,9448	1,5290	2,5407
Ammoniaque.	0,120	0,119	0,485

faites par des villes anglaises. La plupart des exploitations de ce genre ont été abandonnées; celles qui survivent encore n'ont été maintenues que par des considérations particulières, comme le désir d'utiliser une installation toute faite ou la difficulté d'appliquer, à cause de la configuration du terrain, les méthodes plus satisfaisantes dont nous parlerons plus tard.

Un des meilleurs types d'exploitations basées sur le traitement chimique, se rencontre dans la ville de Cheltenham. On a cherché, par une combinaison du filtrage avec la défécation, à épurer les eaux d'égout d'une population de 12.000 âmes, eaux contenant, selon la coutume anglaise, la totalité des matières fécales. La disposition adoptée est la suivante :

Les liquides débouchent par une extrémité de l'usine d'épuration et se répandent dans deux bassins qui renferment chacun un filtre vertical. Chaque filtre se présente comme une caisse quarrée, de $3^{m},50$ de côté, à doubles parois perforées entre lesquelles est contenue une tranche de gros gravier de $1^{m},50$ de hauteur et de $0^{m},60$ d'épaisseur. Les eaux qui, à travers le gravier, se rassemblent dans la partie centrale de la caisse, sont emmenées par un tuyau dans un troisième bassin où s'opère le traitement au lait de chaux. Les liquides traversent ensuite un dernier filtre vertical formé de deux couches, l'une de gros l'autre de fin gravier, et s'écoulent dans la rivière. Les matières les plus lourdes se déposent au fond des deux premiers bassins, tandis que les plus légères forment à la surface une épaisse couche floconneuse. Dans le troisième bassin, il se forme encore des résidus floconneux par suite de la combinaison avec la chaux. Quand les appareils sont obstrués, ce qui arrive moyennement au bout de deux mois, on procède au curage. Les matières extraites dans un état semi-fluide sont mélangées avec des boues sèches, des cendres, des balayures, etc., et le magma ainsi obtenu est livré à l'agriculture au prix de

3f,40 le mètre cube. Ce prix n'est pas rémunérateur, car la main-d'œuvre seule coûte près de 3 francs et la dépense en chaux est d'environ 0f,50. Le capital de l'usine, qui a dépassé 30.000 francs, est donc absolument improductif. Mais la ville y était résignée d'avance, considérant cette fabrication comme un sacrifice à la salubrité publique. Les opérations ne paraissent pas d'ailleurs avoir provoqué de plaintes dans le voisinage, sous le rapport des odeurs dégagées, résultat qu'on doit attribuer, d'une part, à ce que les bassins sont couverts, d'autre part, à la rapidité avec laquelle les dépôts sont mélangés avec des matières absorbantes et emportés sur les terres, et surtout à la faible quantité relative sur laquelle on opère, puisque le volume annuel de l'engrais ne dépasse pas 2.500 mètres cubes, soit, par jour, une moyenne de 7 mètres cubes. Quant aux eaux écoulées à la rivière, elles sont encore laiteuses et ne seraient certainement pas exemptes d'inconvénient si les circonstances naturelles étaient moins propices.

A Coventry, où l'on a installé une exploitation analogue, les résultats sont encore moins favorables. Les eaux d'évacuation laissent beaucoup à désirer, par suite de la forte proportion de résidus industriels qui souillent les égouts, et les odeurs dégagées par le traitement sont sensibles dans le voisinage. La perte sur la fabrication est bien plus élevée qu'à Cheltenham. L'établissement a, en effet, coûté près de 110.000 francs (y compris l'achat des terrains), ce qui, en portant l'intérêt et l'amortissement à 10 p. 100, représente 11.000 fr.; les frais d'exploitation dépassent 4.000 fr. : total 15.000 fr. par an. Quant au bénéfice de la vente, il n'atteint pas au maximum 5.000 fr. pour 2.000 tonnes livrées au public. La perte annuelle est donc de 10.000 francs, soit pour une population de 5.000 âmes seulement, une charge de 2 francs par tête. Encore même convient-il de remarquer que la vente de la totalité de l'engrais souffre souvent des difficultés.

L'installation de Leicester est la plus importante où l'on ait pratiqué le traitement chimique. Il s'agit là d'une ville de 70.000 habitants, fournissant 5 millions de mètres cubes d'eau d'égout par an, soit plus de 13.000 mètres cubes par jour. On s'était proposé d'appliquer le procédé Wicksteed, dont le principe est l'emploi de la chaux, mais qui se distingue par le mode et l'agencement des manipulations. La compagnie concessionnaire des eaux d'égout s'était engagée à faire tous les frais d'établissement et d'exploitation et devait être rémunérée par la vente de l'engrais. La fabrication qui a marché pendant deux ans, de 1856 à 1858, avait lieu dans les conditions suivantes :

« Le collecteur, dit M. Ronna qui a visité les travaux « à l'époque, débouche dans un puits; une machine à « vapeur de 20 chevaux élève les eaux par une pompe de « $0^{m},70$ de diamètre au niveau des réservoirs. Une autre « petite pompe, commandée par la même machine, verse « dans la conduite maîtresse alimentée par la première « pompe, une certaine quantité de lait de chaux préparé « dans une citerne spéciale. Cette quantité, réglée par des « robinets, varie entre $0^{gr},25$ et $0^{gr},005$ par litre, suivant la « nature des eaux et la consistance du lait. Des agitateurs « à palettes brassent le mélange dans une caisse étroite et « longue d'où le liquide sort lentement, par des ouvertures « horizontales, dans un réservoir en maçonnerie de 60 mè- « tres de longueur sur 13 mètres de largeur, divisé en « deux compartiments, à une distance de 15 mètres du « point de départ, par une série de châssis verticaux et « mobiles. Ces châssis en toile métallique sont destinés à « retenir les corps en suspension. La vitesse du liquide, qui « n'est plus que de $0^{m},006$ à $0^{m},008$ par seconde, permet « aux sept huitièmes environ du dépôt floconneux de se « déposer dans le premier compartiment. Dans la partie « comprise entre les agitateurs et les châssis, le réservoir « est recouvert d'une voûte plate formant plancher. Le

« radier est formé de deux parties inclinées vers le milieu, « où elles se réunissent en une rigole, dans laquelle une vis « d'Archimède de $0^m,90$ de diamètre entraîne la pâte vers « un puisard. La profondeur du réservoir est ainsi de « $1^m,50$ le long des parois, et de $4^m,50$ au milieu.

« A l'aval, des petits diaphragmes, ou vannes, laissent « le liquide épuré s'écouler par tranches minces à la rivière.

« Une chaîne à godets élève les boues du puisard dans « une des deux citernes situées à l'étage supérieur, à « 6 mètres au-dessus du sol. Comme à Tottenham, la diffi- « culté consistait à débarrasser ces boues du liquide en « excès. M. Wicksteed s'est arrêté à l'emploi d'essoreuses « à force centrifuge qui enlèvent les deux tiers de son poids « d'eau à 200 kilog. de matière, après un quart d'heure « de révolution. Ces essoreuses, au nombre de douze, font « 1.000 tours par minute.

« Plus tard, pour diminuer la dépense de ce mode de « séchage, M. Wicksteed employait une presse consistant « en une série de plateaux à toile métallique et placée à « l'étage inférieur.

« La pâte, au sortir de la presse ou des toupies esso- « reuses, était découpée, moulée à l'état de briquettes, et « mise à sécher.

« Une machine de 8 chevaux mettait en mouvement les « agitateurs, la vis et la noria. Chaque toupie était con- « duite par une petite machine horizontale à cylindre oscil- « lant. Une seule chaudière fournissait la vapeur à ces « diverses machines. Le personnel de l'usine comprenait, « outre le mécanicien et le chauffeur, 3 ouvriers aux esso- « reuses, 1 briquetier, 5 ou 6 manœuvres. »

La compagnie, en 1856, avait dépensé une somme de 700.000 francs en installation et en essais. Elle fabriquait annuellement 4.500 tonnes d'engrais solide. Le prix en avait été fixé d'abord à 50 francs la tonne, puis à 25 francs, mais sans jamais pouvoir être obtenu. Les analyses du

Dr Vœlcker lui assignent la valeur de 11 à 12 francs, qui est restée encore bien au-dessus du prix du marché (*). Mais même à 12 francs il est facile de voir que la spéculation était désastreuse. Il résulte, en effet, du compte de M. Vicksteed que les frais de fabrication, non compris les briquettes, le travail des essoreuses et l'entretien, se sont élevés, en 1858, à près de 14.000 francs. D'autre part les 4.500 tonnes d'engrais à 12 francs auraient donné 54.000 francs; il serait donc resté 40.000 francs seulement pour faire face à l'intérêt et à l'amortissement d'un capital de 700.000 francs, ce qui est tout à fait insuffisant. Mais la réalité, nous le répétons, a été bien loin de ce compte; et c'est à peine si le produit de la vente a couvert les frais d'exploitation, en sorte que le capital d'établissement est resté entièrement improductif. Aussi la compagnie a-t-elle dû résigner sa concession. Aujourd'hui la municipalité de Leicester se borne à pomper les eaux et à épurer sommairement moyennant une dépense annuelle de 35 à 40.000 francs. L'engrais ne se vend guère que 2 francs le mètre cube (**).

(*) Voici l'analyse de M. Vœlcker :

Eau	11,52
Matière organique (azote, 0,60)	12,46
Silice insoluble	13,50
Carbonate de chaux	53,99
Oxyde de fer et d'alumine	2,89
Carbonate de magnésie	3,67
Sulfate de chaux	1,76
Chlorure de sodium	0,45
Potasse	0,27
Phosphate de chaux	0,27
Total	100,78

(**) En août 1868, la municipalité de Leicester a entrepris des essais d'épuration à l'aide d'un procédé breveté au nom de MM. Sillar et Ce, dont on avait fait grand bruit. Les articles du *Times* et du *Chemical News* annonçaient une désinfection complète

Plusieurs autres localités, Tottenham, Ely, Bristol, Chelmsford, etc. ont employé soit la chaux, soit d'autres réactifs, mais ne s'en sont pas mieux trouvées. Toutes se sont heurtées à ce double écueil : insuffisance des produits, incommodité des manipulations. Partout le résultat commercial a été déplorable et partout on a eu à se prémunir contre le danger des mauvaises odeurs résultant soit du traitement, soit de l'accumulation de l'engrais, danger qui, on le conçoit, eût été bien autre si l'on avait eu affaire à des centres de population considérables.

Dans quelques villes on a reculé devant l'emploi des agents chimiques et l'on s'est borné à une clarification mécanique. A Birmingham on a fait, dans ce but, une installation grandiose, qui a coûté à la municipalité près de 2 millions, mais qui n'a pas donné les résultats qu'on en attendait. La population dépasse 300.000 âmes; le volume quotidien des liquides est de 55.000 mètres cubes. Les deux émissaires débouchent à Saltley, près du confluent de la Rea et de la Tame. Les eaux sont introduites à l'extrémité d'un bassin d'environ 100 mètres de long, 30 de large et $2^{m},10$ de profondeur, divisé en trois compartiments. Les deux premiers sont de simples réservoirs de dépôt; le troisième comprend, en outre, un filtre *per ascensum* d'une surface de 450 mètres quarrés, formé d'une grille en fer qui supporte 7 à 8 centimètres de gros gravier et 22 centimètres de gravier fin. Après avoir parcouru successivement les trois compartiments et traversé le filtre de bas en haut, les eaux clarifiées s'épanchent dans une rigole latérale qui les emmène à la rivière. Le troisième compartiment comprend aussi un filtre *per descensum* marchant concurremment avec l'autre; mais quand nous l'avons vu, on

et une production à bas prix d'un engrais de première valeur. Mais il résulte des renseignements qui nous ont été fournis (décembre 1868), que le procédé Sillar ne paraît pas devoir être plus heureux que ses devanciers.

avait renoncé à s'en servir, parce que les dépôts fins et limoneux de Birmingham sont si obstructifs qu'une couche d'un demi-millimètre d'épaisseur suffisait à le mettre hors d'usage. Le filtre *per ascensum* lui-même n'était pas complétement à l'abri des inconvénients; aussi dans le second système d'épurateurs qu'on terminait alors, pour alterner avec le précédent et prévenir ainsi toute interruption de service, on s'est borné aux bassins de dépôt et on a écarté la filtration. Les matières solides séparées des eaux chaque jour atteignaient au plus bas le chiffre de 60 tonnes. Mais elles constituaient un embarras au lieu d'un profit, car on ne trouvait pas à les vendre et on les offrait gratuitement aux cultivateurs qui voudraient venir les chercher. On espérait toutefois que cette situation se modifierait, et l'ingénieur de la ville, M. Till, nourrissait même le projet de profiter des 2 mètres de chute dont on dispose au-dessus de la Tame pour conduire les eaux clarifiées, mais fort riches encore, aux fermes voisines, et les vendre à de bonnes conditions. Mais loin que ces espérances se soient réalisées, on a dû discontinuer en grande partie la fabrication de l'engrais solide dont on a toujours beaucoup de peine à se débarrasser.

La ville de Balckburn n'a pas été plus heureuse; elle a récemment établi à grands frais des bassins et des filtres pour améliorer ses eaux d'égout, très-fortement chargées par le lavage des laines. Elle retient ainsi 5 à 6.000 tonnes d'engrais solide par an, mais la purification laisse beaucoup à désirer et le débit de l'engrais n'est pas facile. La municipalité ne continue ces opérations que par crainte des poursuites des riverains.

2° *Essais en Belgique.*

A proprement parler, il n'y a eu en Belgique que des études de laboratoire; elles ont porté principalement sur le perchlorure de fer, que M. le Dr Kœne proposait d'appliquer en grand aux eaux d'égout de la ville de Bruxelles. En s'appuyant sur des estimations par trop encourageantes de la valeur de l'engrais obtenu (*), il avait offert, en 1861, de se charger à forfait de la désinfection de tous les liquides d'égout de la capitale, réunis en un point déterminé, moyennant une subvention annuelle de 20.000 francs et la libre disposition, bien entendu, de tout l'engrais obtenu. Il est à remarquer que malgré les prévisions plus qu'optimistes de la valeur commerciale de cet engrais et un abaissement considérable que le Dr Kœne se faisait fort d'amener dans le prix du perchlorure par un nouveau mode de préparation de ce réactif, malgré, disons-nous, ces données doublement favorables, le Dr Kœne n'a pas cru cependant pouvoir se retrouver sur l'opération elle-même, puisqu'il réclamait de la municipalité un retour de 20.000 francs. Or, même à ces conditions, il n'est pas douteux que le Dr Kœne courait au-devant d'une ruine inévitable, et la municipalité bruxelloise lui a rendu un grand service en refusant ses propositions. Cette municipalité qui, assistée des grands corps de l'État, a fait une étude très-approfondie de la question et a voulu connaître les résultats obtenus en

---

(*) M. Heyvaert, chimiste expert, chargé, pour le compte de la ville de Bruxelles, d'apprécier l'engrais provenant de la précipitation des eaux d'égout par le perchlorure, en avait porté la valeur au chiffre énorme de 160 francs la tonne. Cette estimation était basée sur des analyses qui trouvaient 3,40 p. 100 d'azote et 30 p. 100 de phosphate de fer dans l'engrais. Mais ces chiffres sont en complet désaccord avec ceux de M. Way, que l'expérience a d'ailleurs confirmés partout où l'on a employé pratiquement le perchlorure.

Angleterre avant d'adopter la solution que nous décrirons plus loin, a repoussé le projet du Dr Kœne et tous autres analogues comme n'offrant pas des garanties suffisantes au double point de vue de la salubrité et de l'utilisation des principes fertilisants. La commission spéciale chargée, à deux reprises, par la ville de Bruxelles, d'examiner sur place les systèmes d'épuration en vigueur dans le Royaume-Uni, a porté sur ces systèmes le jugement suivant : « L'expérience, « disent les commissaires dans un rapport du mois de février « 1866, d'accord avec les données chimiques, démontre « que les matières lourdes susceptibles de se déposer dans « des bassins de décantation, ont peu de valeur au point de « vue de leur emploi en agriculture, qu'elles dégagent peu « d'odeur lorsqu'elles sont exposées à l'air et qu'elles ne « méritent qu'une attention secondaire.

« Mais il n'en est pas de même pour les matières dis- « soutes et pour celles qui restent en suspension malgré « un repos prolongé; la science et l'expérience ont dé- « montré que ces matières représentent environ 95 pour 100 « des principes utiles à l'agriculture et nuisibles à la santé « publique.

« Les procédés chimiques employés jusqu'à ce jour pour « les extraire des eaux d'égout ont donné des résultats peu « satisfaisants ; l'irrigation des prairies a seule permis d'uti- « liser et de purifier ces eaux d'une manière constante... »

Ce jugement porté par des hommes entièrement étrangers à la conception des travaux qu'ils avaient à apprécier, a, par cela même, on en conviendra, une grande valeur. Il ne faisait au surplus que confirmer celui qu'avait déjà rendu, peu auparavant, une commission d'ingénieurs en chef (*) chargée, pour le compte de l'État, d'étudier la même question. « La commission, avaient dit ces ingénieurs dans

(*) Cette commission était composée de MM. Maus, président, O'Sullivan, Cognioul, Houbotte, Carez et Dubois, secrétaire.

« leur rapport du 30 mars 1865, a rejeté l'idée d'extraire « les matières fertilisantes contenues dans les eaux d'égout, « parce qu'elle n'admet pas que l'assainissement de Bruxelles « puisse être ajourné jusqu'à la solution des difficultés nom- « breuses et peut-être insurmontables que présente cette « extraction des engrais dissous dans les eaux salies par la « population..... Pour purifier ainsi un volume d'eau qui « se renouvelle chaque jour et se mesure par millions de « litres, il faut un local très-étendu, un matériel considé- « rable et un personnel dispendieux. Les précipités ainsi « obtenus doivent, pour servir à l'amendement des terres, « conserver un certain degré de solidité qui sera une cause « de fermentation et une difficulté pour les conserver en « attendant la saison favorable à leur emploi. MM. les délé- « gués de la commission (belge) créée en 1861, qui ont « visité l'établissement de Leicester, ont en effet constaté « que les produits recueillis répandaient au loin une odeur « fétide et insupportable.

« Le prix de ces engrais croît avec les frais de transport « à mesure que l'on s'éloigne du lieu de production, et « atteint, à l'extrémité d'un certain rayon, un taux qui « dépasse le profit que l'agriculture peut en retirer. C'est « ainsi qu'une partie des engrais naturels les plus précieux « fournis par les grandes villes reste sans emploi.....

« Ces considérations paraissent devoir faire renoncer à « traiter les eaux pour en extraire des engrais solides, et « engager à chercher dans un vaste système d'irrigation « opérée avec ces eaux sales, le moyen de rendre à l'agri- « culture les engrais qu'elles contiennent... »

3° *Essais en France.*

Les seuls essais vraiment intéressants qu'on puisse citer en France sont ceux de la ville de Paris, et, dans un ordre moindre, ceux de la ville de Reims. L'importance des premiers, la valeur des hommes qui les ont inspirés ou conduits (*), leur méritent une attention toute particulière. Aussi les décrirons-nous avec quelques détails.

Les expériences *de Clichy*, tel est le nom sous lequel on les désigne, ont commencé en 1866 et se continuent encore; la ville de Paris a voté récemment (fin 1868) une nouvelle somme de 1 million pour les poursuivre sur une plus grande échelle en les reportant sur des points différents. Elles sont confiées à M. Mille, ingénieur en chef des ponts et chaussées, assisté de M. Ernest Durand-Claye, ingénieur ordinaire. Elles ont été instituées en vue de compléter l'étude d'un procédé chimique d'épuration proposé par M. Le Chatelier, ingénieur en chef des mines; on a joint, depuis, à ce programme l'arrosage des cultures par l'eau d'égout prise avant et après cette épuration.

La méthode de M. Le Chatelier consiste essentiellement à traiter les eaux par le sulfate d'alumine ferrugineux et à séparer les matières dans des bassins de dépôt d'un système particulier. Le réactif employé est fourni économiquement par la dissolution de la bauxite dans l'acide sulfurique ou par les magmas rouges de Picardie (**); quant aux bassins de dépôt, également économiques, ils sont établis sur le principe des digues filtrantes de M. l'ingénieur des mines Parrot. Le but des opérations est d'obtenir

(*) M. Dumas a, comme on sait, encouragé ces expériences. L'illustre chimiste, bien que partisan, en principe, de l'emploi agricole direct, a pensé, nous disait-il, que l'épuration artificielle pourrait rendre provisoirement des services, et qu'en tous cas il y avait un grand intérêt pour la science à ce qu'aucune de ces questions ne restât sans examen.

(**) Le produit de l'une ou l'autre de ces provenances, à la teneur de 10 pour 100 d'alumine et de 2 à 3 pour 100 de peroxyde de fer, revient, sur les rives de la Seine, à 65 ou 70 francs les 1.000 kilogrammes. M. Le Chatelier insiste sur le rôle essentiel que joue, selon lui, le fer dans les réactions. Le sulfate de fer, en présence des matières contenues dans l'eau d'égout, « forme, dit-il, du sulfure » de fer qui se régénère rapidement à l'état de sous-sulfate de

des liquides assez purs pour être, sans inconvénient, évacués aux cours d'eau, ou employés à des arrosages nonobstant le voisinage des habitations. L'engrais solide provenant du dépôt séché à l'air est mis lui-même à la disposition des cultivateurs.

« Ce qui caractérise, dit M. Le Chatelier, ce procédé qui « n'exige aucune construction coûteuse, pour lequel il « suffit d'endiguer quelques hectares de terre, c'est la fa- « cilité avec laquelle on peut faire varier les conditions de « son application. On peut emprunter aux conduites d'a- « menée ou aux canaux d'épuration toutes les quantités « d'eaux impures ou épurées, que la culture pourra utile- « ment appliquer soit à des colmatages, soit à de simples « arrosages. Le jour où la totalité (des eaux impures) vien- « drait à être utilisée, on rendrait à la culture les surfaces « occupées par les bassins, enrichies à un très-haut degré « par les infiltrations de matières fertilisantes. Les eaux « peuvent être plus ou moins épurées suivant la saison ou « l'état du fleuve; l'addition des réactifs peut être limitée « à ce qui serait strictement nécessaire pour faciliter un « dépôt sommaire et en même temps pour le désinfecter. « Rien ne s'oppose à ce que pendant les crues la défféca- « tion soit suspendue. La solution peut être immédiate et « ne fait obstacle à l'adoption d'aucune autre combinaison « ultérieure. C'est dans ces termes, ajoute M. Le Chatelier, « que la question d'épuration a été posée pour le cas par- « ticulier de la ville de Paris. »

Le point de départ du procédé a été l'opinion, depuis longtemps exprimée par son auteur, que la solution adoptée à Londres (dont la description détaillée viendra plus loin)

« peroxyde de fer. C'est à sa présence que paraît devoir être attri- « bué surtout ce fait que le dépôt ne perd pas d'azote et reste dé- « sinfecté. Le sulfate de peroxyde de fer alumineux peut d'ailleurs « remplacer le sulfate d'alumine ferrugineux et réduire la dépense « de réactif. »

n'est pas actuellement applicable à Paris (*). L'emploi des eaux d'égout de la capitale, comme agent de fertilisation, ne pourrait, selon lui, se propager que très-lentement, tandis que la Seine ne saurait continuer à recevoir dans son faible débit le torrent d'eau infecte que vomit incessamment le collecteur d'Asnières, et qui vient de s'augmenter de l'apport de la rive gauche. C'est sous l'empire de ces idées que M. Le Chatelier, qui s'occupait d'ailleurs depuis longtemps des applications industrielles des sels d'alumine, a conclu à la nécessité d'une épuration préalable, à l'aide des substances que nous avons indiquées, et qu'il a entrepris en

(*) La solution adoptée à Londres, dit M. Le Chatelier, et dont « plusieurs auteurs ont recommandé l'application à Paris, a pour « base ou pour condition nécessaire la possibilité d'évacuer l'excé- « dant des eaux infectées, c'est-à-dire ce que la culture ne pourra « pas absorber, soit d'une façon permanente, soit à certaines épo- « ques de l'année. A Londres, cet excédant est évacué à une dis- « tance de 70 kilomètres sur une plage basse et déserte de la mer « du Nord, où son déversement n'aura d'inconvénient d'aucune « sorte et donnera, au contraire, l'occasion de conquérir sur la « mer des terrains précieux pour l'agriculture.

« Rien de pareil ne serait possible pour Paris. Il faudrait con- « duire les eaux à l'embouchure de la Seine ou à Dieppe, en fran- « chissant un faîte élevé. La distance est de 230 kilomètres dans « un cas, de 180 à 200 dans l'autre; la dépense serait énorme, et « le littoral ne se présente pas dans des conditions favorables pour « recevoir les dépôts; il est, en effet, formé d'un côté par des fa- « laises escarpées, d'autre côté par les plages du Calvados où sont « assis de nombreux établissements de bains de mer. »

M. Le Chatelier insiste en outre sur ce point que « ni la confi- « guration du sol autour de Paris, ni la constitution de la pro- « priété et de la culture, ne se prêtent, comme autour de Londres, « à l'emploi illimité des eaux d'égout. La grande culture à son « siége sur les plateaux qui bordent la vallée de la Seine, et elle « est généralement entre les mains de fermiers dont les baux « sont à court terme, et qui manquent de capitaux ou de crédit; « la petite culture, qui occupe les terrains d'ailleurs peu étendus « de la vallée, opère sur des terres morcelées à l'infini.

« Par suite de cet état de choses, conclut M. Le Chatelier, l'em- « ploi des eaux d'égout de la capitale, comme agent de fertilisa- « tion, ne pourrait se propager que très-lentement. »

1865, de concert avec M. Léon Durand-Claye, frère du précédent, une série de recherches dans le laboratoire de M. Hervé Mangon, à l'École des ponts et chaussées. Ils en ont déduit qu'une dépense moyenne de $0^{f},02$ de réactif devait procurer la clarification d'un mètre cube d'eau d'égout et fournir environ 2 kilogrammes de matière sèche, dont la valeur calculée avec les prix élémentaires en usage dans le commerce des engrais, payerait une grande partie des frais de l'épuration. Quant au liquide décanté, « il est, « disent-ils, en même temps désinfecté, et ne se trouble « de nouveau qu'au bout de plusieurs jours (*) ».

Telle est l'origine des expériences de Clichy. L'établissement est situé sur la rive droite de la Seine, près de l'embouchure du collecteur d'Asnières. Une pompe à vapeur puise journellement dans l'égout 500 mètres cubes de liquide et les envoie à un champ d'essai de $1^{\text{hectare}},6$, où on les distribue, soit dans des bassins pour le traitement chimique, soit dans des rigoles pour l'application agricole. Ce dernier mode a été lui-même envisagé sous deux aspects : au point de vue de l'irrigation des plantes maraî-

---

(*) Nous avons reconnu, dit M. Le Chatelier, que le sulfate « d'alumine ferrugineux, à la teneur de 10 pour 100 d'alumine « et 2 à 3 pour 100 d'oxyde de fer, fourni soit par la dissolution « de la bauxite dans l'acide sulfurique, soit par les magmas rou- « ges de Picardie, produisait une clarification complète et ra- « pide des eaux d'égout recueillies au collecteur d'Asnières; « que le maximum d'effet était obtenu par l'emploi, pour 1 mètre « cube d'eau d'égout, de 1 à 2 litres d'une dissolution au cin- « quième de ces matières, soit à la teneur de 20 grammes d'alu- « mine par litre; que l'eau clarifiée était en même temps désin- « fectée, et ne se troublait de nouveau qu'au bout de plusieurs « jours; que le dépôt contenait la totalité de l'acide phosphorique « et la moitié de l'azote existant dans l'eau impure; qu'enfin le dé- « pôt ne s'infectait pas par l'exposition à l'air, et n'éprouvait pas « la moindre déperdition d'azote.

« L'épuration devait être obtenue par une dépense de réactif de « $1^{\text{centime}},3$ à $2^{\text{centimes}},6$ par mètre cube, fournissant environ 2 kilo- « grammes de matière sèche... »

chères et au point de vue de l'irrigation des céréales. MM. Mille et Ernest Durand-Claye concluent de leurs essais (*) que les trois procédés, savoir : l'épuration chi-

---

(*) Voici la note relative à ces essais, que ces messieurs ont bien voulu nous remettre :

« Les essais sur l'épuration et l'utilisation des eaux d'égout, « disent-ils, se font à Clichy (Seine) aux environs du grand collec- « teur.

« Deux locomobiles mettent alternativement en mouvement une « pompe Coigniard. Cette pompe puise journellement 500 mètres « cubes d'eau noire. Une conduite en grès anglais de 640 mètres de « longueur conduit cette eau à l'origine d'un *champ d'essai* d'une « superficie de 1 hectare 600 mètres. Des bouches de distribution « conduisent l'eau noire, soit dans des rigoles d'arrosage, soit dans « des bassins d'épuration.

» Des expériences, régulièrement organisées, ont pour but d'étu- « dier complétement l'eau noire d'égout, qui doit être épurée ou « usilisée dans le champ d'essai.

« En quantité, on a reconnu que le débit moyen du grand collec- « teur était d'environ 130.000 mètres cubes par jour pendant les « deux derniers mois de l'année 1867 (il a été de 190.000 mètres « cubes en 1868). Le débit, presque nul le matin, va en croissant « jusqu'à trois heures ou cinq heures de l'après-midi et atteint un « maximum de $2^{mc},50$ à 3 mètres cubes.

« La température de l'eau d'égout échappe aux variations ex- « trêmes des températures extérieures. C'est ainsi que pendant les « grands froids, elle s'est maintenue à $+ 4°$ environ, tandis que « la température extérieure descendait à $— 12°$ et celle de la Seine « à 0°.

« Des analyses quotidiennes commencées au laboratoire de Cli- « chy et terminées au laboratoire de l'École des ponts et chaussées, « ont donné comme quantités de matières diverses contenues dans « 1 mètre cube d'eau d'égout, les résultats suivants :

SUBSTANCES.	MOYENNE des neuf premiers mois de 1867.
	kilog.
Azote	0,033
Acide phosphorique	0,013
Potasse	0,028
Soude	0,116
Matières organiques	0,657
Matières minérales	1,898

mique, le colmatage, et l'arrosage sont également applicables et donnent tous les trois des résultats satisfaisants. Toutefois ils manifestent une préférence pour les deux derniers, le colmatage et l'arrosage, « qui ont, disent-ils, sur

« On conclut de ces chiffres que l'égout entraîne journellement « en Seine 4.700 kilogrammes d'azote environ.

« Le principe de l'épuration chimique expérimentée à Clichy « repose sur l'emploi du *sulfate d'alumine*.

« La matière employée couramment s'extrait des pyrites natu- « relles de Picardie ; ce sont des sulfates impurs d'alumine et de « fer. Ils sont vendus actuellement 8 francs les 100 kilogrammes à « l'usine ; 200 grammes de cette matière suffisent pour l'épuration « du mètre cube d'eau noire ; ils sont employés dissous dans 1 litre « d'eau.

« Le sulfate d'alumine, en présence de l'eau noire, donne des es- « pèces de savons d'alumine produisant ainsi un véritable collage ; « des sulfates alcalins restent en dissolution et de l'alumine hydra- « tée reste au dépôt.

« Au laboratoire, 5 litres d'eau noire ont été traités journelle- « ment par le sulfate d'alumine pendant toute l'année 1867. Les « analyses ont donné les résultats suivants :

Moyenne des neuf premiers mois de 1867.

SUBSTANCES.	QUANTITÉS totales contenues dans 1 mètre cube d'eau d'égout.	QUANTITÉS restant dans 1 mètre cube d'eau épurée.	QUANTITÉS obtenues en dépôt en traitant 1 mètre cube d'eau d'égout par le sulfate d'alumine.
	kilog.	kilog.	kilog.
Azote.	0,033	0,014	0,017
Acide phosphorique.	0,013	»	0,013
Potasse.	0,028	0,028	»
Soude.	0,116	0,116	»
Matières organiques.	0,657	0,101	0,574
Matières minérales.	1,898	0,595	1,421
Total.	2,745	0,854	2,025

« Comme on le voit, l'azote se répartit à peu près également en- « tre le dépôt et l'eau épurée. L'acide phosphorique reste en entier « dans le dépôt ; les alcalis s'écoulent avec l'eau. Les matières or- « ganiques restent pour les cinq sixièmes dans le dépôt et pour un

« le traitement chimique l'avantage de supprimer le manie« ment et le transport des dépôts. » Quant à l'emploi de l'eau épurée, qui figurait également dans le programme, il ne

---

« cinquième seulement dans l'eau, qui perd ainsi ses propriétés « insalubres et conserve cependant une richesse relative.

« Au champ d'essai, le courant d'eau noire vient passer sous « une bonbonne en grès, contenant la dissolution de réactif. Cette « bonbonne verse d'une manière continue le filet désinfectant, « à l'aide d'un robinet en grès. Le mélange d'eau noire et de « réactif vient se déverser, à l'aide d'une goulotte, interrompue « par des vannes, dans des bassins d'épuration.

« Ces bassins ont 30 mètres de long sur 8 mètres de largeur « moyenne et 2 mètres de profondeur. Ils sont terminés, l'un par « un barrage en bois percé de trous, l'autre par un barrage en « terre. L'eau épurée se déverse, soit par les trous qui peuvent être « fermés ou ouverts par des chevilles en bois, soit par la crête et les « talus du plan incliné en terre, lequel est couvert d'herbes vivaces.

« Ce double système donne couramment et pratiquement de « l'eau épurée et des dépôts.

« 1° Les dépôts ont une densité de 1.400 kilogrammes le mètre « cube à l'état de boue, de 1.000 kilogrammes après dessiccation « à l'air, de 600 kilogrammes après dessiccation à l'étuve.

« L'analyse a montré l'identité presque absolue de ces dépôts avec « ceux qu'on obtient dans les opérations restreintes du labora« toire. On a obtenu en effet :

SUBSTANCES	DÉPÔT DU CHAMP D'ESSAI (composition rapportée à 1.000 kilog. de dépôt).	DÉPÔT DU LABORATOIRE (composition rapportée à 1.000 kilog. de dépôt).
	kilog. kilog.	kilog.
Azote	9,30 à 5,70	8,39
Acide phosphorique	9,00 à 4,10	6,42
Matières minérales	750,00 à 650,00	701,73
Matières organiques	300,00 à 200,00	283,46

« Le dépôt se manie facilement à l'aide de seaux et d'écopes « lorsqu'il est liquide, à l'aide de pelles et de brouettes, lorsqu'il « est desséché. L'exposition à l'air, le soleil, la gelée activent éga« lement la dessiccation et rendent l'emploi ou les expéditions fa« ciles au bout de dix à quinze jours.

« Convenablement desséché, le dépôt se présente physiquement « et chimiquement comme du terreau d'excellente qualité.

« Il présente la plus grande analogie avec les boues de Paris,

paraît pas qu'on l'ait étudié d'une manière aussi méthodique; car les deux expérimentateurs disent seulement que cette eau « convient encore aux arrosages, mais qu'elle a

---

« d'un usage si commun dans les plaines de Gennevilliers et d'Ar-
« genteuil.

« Dans le champ d'essai une couche de 0m,03 à 0m,05 d'épaisseur « permet de constituer un sol très-convenable pour la culture ma- « raîchère, là où se trouvait un sol sableux très-pauvre. Des essais « en grand se font à la ferme impériale de Vincennes, en Brie, en « Picardie. La quantité à employer semble devoir être d'environ « 10.000 kilogrammes ou 10 mètres cubes à l'hectare.

« 2° L'eau épurée conserve encore une valeur assez grande; elle « est environ huit fois plus riche que l'eau de Seine en azote et « matières organiques; elle est de deux à trois fois plus riche en « chaux. Elle convient encore aux arrosages, mais elle a laissé la « majeure partie de ses principes fertilisants au dépôt des bassins.

« Autour des bassins d'épuration de Clichy, on a essayé *l'utili-* « *sation directe* de l'eau d'égout au point de vue agricole. — L'eau « noire vient circuler dans des rigoles qui baignent le pied de « plantes diverses plantées en ligne.

« Les plantes absorbent immédiatement une portion de l'eau « noire; elles s'en nourrissent et laissent dans les rigoles un dé- « pôt grisâtre. Ce dépôt grisâtre, retourné plus tard à la bêche ou « à la charrue, sert d'amendement et d'engrais.

« L'analyse chimique a démontré ce fait remarquable, que le « dépôt des rigoles était sensiblement le même que le dépôt ob- « tenu artificiellement dans les bassins.

Résultats obtenus par des expériences faites de mars en juillet 1867.

SUBSTANCES.	DÉPÔT DES RIGOLES.	DÉPÔT DES BASSINS.
	kilog.	kilog.
Azote	7,30	7,50
Acide phosphorique	7,60	6,10
Matières organiques	245,15	272,20
Matières minérales	739,95	714,50

« L'utilisation directe de l'eau noire a donc le double avantage « de supprimer les réactifs et les mains-d'œuvre du procédé chi- « mique, et d'apporter cependant à pied d'œuvre tous les éléments « nécessaires pour la nourriture des plantes.

« La culture par irrigation a été pratiquée à Clichy pendant

« laissé la majeure partie de ses principes fertilisants au « dépôt des bassins. »

On ne peut que savoir gré à la ville de Paris d'avoir or-

« tout l'été de 1867 sur une superficie de 6.700 mètres cubes. On « a employé un cube journalier de 0^{mc},36 par mètre quarré, soit « une épaisseur journalière de 0^{m},036 d'eau fertilisante. C'est en *eau* « ce que les maraîchers de Paris emploient couramment (0^{mc},030 « par mètre quarré); mais on a gagné à Clichy toute la fourniture « de fumier, dont aucun atome n'est entré dans les cultures.

« Pendant la saison d'hiver, l'eau noire a été consacrée au col- « matage des terres vides du champ d'essai.

« Un cube de 1^{mc},20 par mètre quarré, soit une hauteur d'eau « de 1^{m},20, a été absorbé pendant le mois de janvier.

« Quant aux produits obtenus par l'utilisation directe des eaux « d'égout, ils étaient de bonne qualité. Leur goût et leur aspect « étaient satisfaisants. Les rendements se sont élevés à 60.000 ki- « logrammes par hectare pour les choux, à 36.000 kilogrammes pour « les betteraves, à 11.000 kilogr. ou 100 hectolitres pour les maïs. « Les analyses ont donné une composition élementaire analogue à « celle des produits similaires, obtenus par d'autres procédés.

« En résumé, les expériences de Clichy conduisent à ce double « résultat :

« L'épuration chimique peut se faire pratiquement à l'aide du « sulfate d'alumine. Elle assure la désinfection de l'eau. Elle donne « un excellent terreau et une eau claire, propre à l'arrosage, « mais non à l'engraissement des terres ou au colmatage. Elle « coûte 0^{f},02 environ par mètre cube épuré et exige le manie- « ment et le transport des dépôts.

« L'utilisation agricole directe assure la désinfection par la ré- « partition de l'eau noire en rigoles de dimensions restreintes. La « nature se charge de faire la séparation en dépôt et en eau claire; « le dépôt se trouve mis en place de lui-même. L'eau noire con- « vient à la fertilisation et au colmatage. Elle ne coûtera que son « prix d'élévation. La solution générale du problème de l'épura- « tion et de l'utilisation des eaux d'égout semble comporter la « réunion et la juxtaposition des deux systèmes expérimentés. L'eau « noire doit être offerte aux cultivateurs et circuler renfermée « dans des tuyaux et enfoncée sous des remblais dans les plaines « de Gennevilliers ou d'Argenteuil. Le procédé chimique d'épura- « tion intervient pour permettre le rejet en Seine des eaux non « utilisées, ou pour fournir de l'eau claire destinée au simple hu- « mectage des terres. Ce sont ces principes généraux qui guident « les ingénieurs dans les recherches auxquelles ils se livrent pour « résoudre cette grande question. »

ganisé des expériences qui, par le soin et la méthode qui y président, seront toujours fort utiles à connaître; mais au point de vue de la solution pratique à intervenir, il ne nous semble pas que la question ait été posée sur son véritable terrain. En effet, les eaux d'égout sur lesquelles on expérimente aujourd'hui sont très-faiblement chargées d'impuretés, puisqu'un cinquième environ seulement des maisons y envoient leurs résidus ménagers et aucune les matières fécales (*). Or ce n'est point là, on est en droit de le penser, l'état normal de l'avenir. Non-seulement, dans un temps peu éloigné, toutes les maisons devront, aux termes du décret de 1852, écouler directement aux égouts leurs eaux ménagères, mais il nous paraît impossible que tôt ou tard elles n'y envoient pas aussi leurs matières fécales. Paris ne saurait rester en arrière de Londres et de Bruxelles, ni s'accommoder éternellement de ces pratiques barbares qui vont à l'encontre des lois naturelles, puisqu'au lieu d'éloigner promptement de l'homme tout ce qui offusque ses sens et compromet sa santé, elles retiennent au contraire dans son voisinage ce qui risque le plus de lui nuire. La ville qui a tant fait pour embellir et assainir sa surface, voudra aussi sans doute abolir les fosses d'aisance qui souillent son sous-sol et supprimer la vidange qui déshonore ses rues : la véritable salubrité est à ce prix (**).

Le point de vue pratique exige donc, selon nous, qu'on

(*) Il y a environ trois mille maisons à Paris qui écoulent leurs eaux vannes aux égouts au moyen de tinettes filtrantes, mais aucune n'est autorisée à mettre ses cabinets d'aisance en communication directe avec les égouts. Encore même croyons-nous qu'on cherche plutôt à restreindre l'emploi des tinettes.

(**) Tant que les fosses d'aisance subsisteront, Paris exhalera toujours cette odeur *sui generis*, bien connue de ceux qui ont eu occasion de parcourir les rues vers quatre ou cinq heures du matin, alors que le calme de la nuit a permis aux émanations de se ramasser au-dessus du sol. Peut-on dire qu'une ville dont le sommeil se passe au sein d'un air aussi impur se trouve dans de bonnes conditions de salubrité?

considère des eaux d'égout contenant, non la faible proportion d'impuretés qu'elles charrient aujourd'hui, mais la totalité des immondices qu'elles devront charrier plus tard. Or à ce moment, que vaudraient réellement les diverses méthodes expérimentées à Clichy? En ce qui concerne le colmatage, on est en droit de penser qu'il serait tout à fait impraticable. Les matières organiques abandonnées sur le sol humide y développeraient une putréfaction énergique, et l'on retrouverait à un plus haut degré les graves inconvénients qui se produisaient sur les berges de la Tamise, alors que les égouts se déchargeaient au fleuve dans Londres même, et que les limons mis à découvert par la marée descendante manquaient en 1859 d'engendrer une épidémie. La culture maraîchère elle-même ne serait pas sans danger. Dans les intervalles des plantes se manifesterait certainement une partie des inconvénients du colmatage: car sur les places libres, il se formerait autant de petits foyers d'infection, qui rendraient une semblable exploitation fort désagréable pour les habitations voisines. Ce sont là précisément les motifs qui y ont fait renoncer en d'autres pays; on a reconnu en effet qu'une végétation présentant ainsi des solutions de continuité est impuissante pour absorber les émanations partout où elles tendent à se produire. D'ailleurs, la culture maraîchère fût-elle possible, n'offrirait qu'un débouché insuffisant : car les eaux d'égout de Paris, enrichies comme nous les supposons alors, couvriraient une surface supérieure à celle qui est nécessaire pour alimenter la capitale en légumineux ; en outre, ces sortes de végétaux se prêtent mal à une absorption d'eau en toute saison.

Reste enfin, des trois procédés indiqués, l'épuration par voie chimique. Ici nous remarquerons tout d'abord que les essais de Clichy ne semblent pas, du moins quant à présent, avoir abordé la vraie question, en ce qui concerne ce dernier procédé. Dans notre idée, en effet, et aussi, croyons-nous, dans celle de l'inventeur lui-même, il ne s'agit pas de savoir si le sulfate d'alumine est susceptible d'épurer chimiquement les eaux et de fournir un bon engrais, ce qui n'est guère contestable, mais de vérifier *jusqu'à quel point et à quel prix* cet engrais pourrait entrer dans la consommation courante, et si l'épuration, conduite dans les conditions de la *pratique en grand*, n'engendrerait pas des émanations nuisibles. Sur le premier point, à savoir la possibilité des débouchés, il ne paraît pas que l'épreuve ait encore été faite ; car on n'a pas, que nous sachions, livré de grandes quantités d'engrais à des cultivateurs de profession qui en aient expérimenté et chiffré la valeur commerciale. Sur le second point, c'est-à-dire la question de salubrité, l'objection générale que nous avons déjà déduite de la composition incomplète des eaux d'égout actuelles nous semble subsister tout entière. Quelque inoffensives, en effet, qu'aient pu être les opérations de Clichy, il est loin d'être démontré que des inconvénients ne surgiraient pas, si l'on avait affaire à des eaux souillées par toutes les matières fécales, si au lieu d'opérer sur 2 ou 300 mètres cubes par jour, on opérait sur une quantité cent fois aussi forte, ce qui est le vrai débit de Paris (*), et si enfin, au lieu de travailler pour ainsi dire à loisir, on était forcé de faire cette énorme manipulation sans désemparer, et surtout pendant les fortes chaleurs de l'été, où l'infection du fleuve est plus particulièrement à redouter. L'exemple de l'Angleterre n'est certes point fait pour encourager, puisque, nous venons de le voir, toutes les entreprises successivement essayées dans cette voie ont échoué devant des considérations de salubrité aussi bien que de dépenses.

A la vérité, l'agent chimique proposé par M. Le Chatelier n'a pas encore été employé dans les autres pays, au moins dans ces conditions : l'insuccès des autres réactifs

(*) Quand les travaux en cours tant pour l'alimentation que pour le drainage seront terminés, le collecteur d'Asnières n'évacuera guère moins de 300.000 mètres cubes par jour.

ne prouve donc pas absolument contre celui-ci. Il convient même de dire que d'après les études du laboratoire et les résultats obtenus à Clichy, le sulfate d'alumine ferrugineux paraît être plus apte à jouer le rôle d'épurateur que les autres substances déjà expérimentées. Toutefois nous ne pensons pas qu'on y trouve une solution complète et définitive de la difficulté. A notre avis, aucun procédé chimique ne vaudra jamais la méthode que nous allons décrire, à savoir l'emploi direct des eaux en irrigations de prairies. C'est à favoriser ce dernier mode que tous les efforts, selon nous, doivent tendre. Il faut travailler à écarter les obstacles, trop justement signalés par M. Le Chatelier, qui s'opposent aujourd'hui à son adoption, et qui se résument dans l'impossibilité de se procurer à des conditions raisonnables une surface convenablement disposée pour l'arrosage. Or la difficulté disparaîtrait le jour où l'on accorderait l'expropriation pour cause d'utilité publique des terrains indispensables à l'épuration (*). Car ce jour-là il ne serait plus nécessaire d'aller jusqu'à Dieppe ou au Havre pour trouver un champ d'irrigation; il suffirait de se rejeter à quelque distance des bords de la Seine pour obtenir des emplacements favorables. Le pire serait d'avoir à élever les eaux à quelques dizaines de mètres de hauteur; mais le drainage de Londres montre que ce n'est point là

(*) Sans vouloir entrer dans des considérations de droit, qui seraient déplacées dans ce travail, nous ne pouvons nous empêcher de signaler en passant cette mesure à laquelle il nous paraît impossible qu'on ne soit pas amené d'une manière générale dans un avenir prochain, sous l'impérieuse nécessité de protéger les cours d'eau contre l'infection croissante des villes. Car si l'on n'accorde pas l'expropriation des terrains, on réalisera difficilement l'arrosage sur une grande échelle : il serait téméraire, selon nous, de compter sur le libre concours des cultivateurs pour amener la formation de grandes entreprises d'irrigations. Aucune compagnie, aucune municipalité n'exécutera de tels travaux, si elle n'a pas la certitude d'utiliser ses eaux. Au surplus, nous reviendrons plus tard sur ce point à propos des projets d'irrigations mis en avant pour Paris.

un obstacle insurmontable ni même un obstacle par trop coûteux. En attendant que l'on soit entré dans la voie que nous indiquons, l'épuration au sulfate d'albumine pourra rendre d'utiles services, et à ce point de vue il est désirable que l'étude du procédé soit continué, en s'attachant particulièrement à déterminer l'étendue du débouché que l'engrais est susceptible de trouver dans les populations environnantes. Mais on aurait tort, à notre sens, de voir dans cette fabrication autre chose qu'une ressource provisoire; son succès même ne devrait pas détourner l'attention de l'application agricole directe, laquelle, quand on pourra la réaliser, constituera, comme nous le verrons bientôt, le moyen le plus sûr et le plus avantageux (*).

(*) Nous recevons en cours d'impression le compte rendu officiel de MM. Mille et A. Durand Claye, en date du 1er mars 1869, lequel donne le résultat des essais continués à Clichy pendant l'année 1868. Les chiffres de la note précédente ne se trouvent pas sensiblement changés, sauf en ce qui concerne le débit du collecteur, porté de 130.000 mètres cubes à 190.000 mètres cubes par jour, et qui, par suite de la jonction de la rive gauche, effectuée en novembre 1868, atteint vraisemblablement aujourd'hui un chiffre voisin de 250.000 mètres cubes. Les opérations ont été poursuivies d'après les mêmes errements, au triple point de vue de l'arrosage, du colmatage et de l'épuration au sulfate d'alumine. Notons seulement, en ce qui concerne ce dernier procédé, qu'on paraît se trouver mieux de l'emploi de sulfate exempt de fer que de l'emploi du sulfate ferrugineux; on évite ainsi, disent les auteurs, le trouble couleur de rouille, qui altère souvent la pureté du liquide, par suite de la décomposition du sulfate de fer pendant les fortes chaleurs. Quant à la constitution chimique des dépôts et à l'analyse des liquides, nous n'avons rien de nouveau à en dire. Nous ne parlerons pas davantage du colmatage et de l'arrosage, pour lesquels toutes nos observations subsistent. Relativement à l'épuration, les auteurs donnent quelques chiffres fort intéressants à connaître et qui viennent à l'appui de l'opinion que nous avions émise. Nous voyons d'abord que le traitement au sulfate d'alumine ne retient pas tout à fait les 2/5 de la richesse fertilisante de l'eau d'égout (exactement 2.655 sur 6.847), ou, si l'on veut, que l'eau épurée emporte à la rivière un peu plus des 3/5 de l'engrais contenu dans l'eau d'égout; aussi MM. Mille et Durand Claye conseillent-ils d'employer cette eau épurée en arrosage. Mais on peut douter que la valeur en soit

A Reims, MM. Houzeau, Devedeix et J. Holden ont essayé dans ces derniers temps d'épurer les eaux d'égout au moyen de lignite additionné de chaux ou de sulfate de fer. Ces eaux sont, comme on sait, très-chargées de résidus industriels, au point de contenir en moyenne 3 kilogrammes par mètre cube, et infectent à un haut degré la petite rivière la Vesles, dont le débit n'est guère que le double de celui des égouts eux-mêmes. Il y a donc pour la ville et la banlieue de Reims un intérêt de premier ordre à purifier, s'il se peut, les liquides avant leur débouché dans la Vesles.

Les expériences de MM. Houzeau, Devedeix et J. Holden ont été faites en grand, à raison de 400 mètres cubes d'eau d'égout en dix heures de marche par jour, et ont porté sur un volume total de 72.500 mètres cubes, d'avril 1866 à no-

---

suffisante pour payer les frais d'une distribution en grand, et, en tous cas, si ces frais devaient être encourus, mieux vaudrait, ce semble, les affecter à la distribution de l'eau d'égout elle-même et éviter ainsi la dépense de l'épuration. Quoi qu'il en soit et pour en revenir à cette épuration, nous remarquons que les frais, distribution comprise, doivent être comptés « de 2 à 3 centimes par mètre « cube » ou en moyenne à 2 centimes et demi. Or, d'autre part, le compte rendu nous apprend que la tonne d'engrais provenant du traitement vaut 13f,92, et que cette tonne a été obtenue à raison de 1k,32 de dépot par mètre cube d'eau d'égout, soit en épurant $\frac{1000}{1,32}$ ou 758 mètres cubes. La dépense, sur le pied de 2 centimes et demi par mètre cube, ressort donc à 18f,95; c'est-à-dire qu'on perd 5 francs par tonne d'engrais fabriqué. Résultat d'autant plus défavorable que rien n'est compté, dans le prix de revient, pour l'installation de l'usine et pour l'administration supérieure, et que la valeur assignée à l'engrais est une valeur purement théorique, qu'aucune transaction commerciale n'a encore confirmée. Aussi les consciencieux auteurs n'hésitent-ils pas à reconnaître que « ces « charges seraient écrasantes pour la ville, si seule elle devait les « supporter. C'est au cultivateur, disent-ils, à comprendre qu'il « peut payer l'eau noire, le terreau, l'eau épurée. » Malheureusement il est à craindre que le cultivateur ne mette bien du temps à comprendre de telles vérités et qu'il ne soit beaucoup plutôt disposé à abuser de la situation de la ville. D'ailleurs c'est ici le cas de répéter ce que nous avons déjà dit touchant l'insuffisance de ces divers moyens, au point de vue de la salubrité.

vembre 1867. On a varié les réactifs de plusieurs manières, et les compositions qui ont donné les meilleurs résultats sont les suivantes : 1° lignite en poudre et chaux, à la dose moyenne de 2k,374 de lignite et de 0k,588 de chaux pour 1 mètre cube d'eau d'égout ; 2° houille pulvérisée, chaux et sulfate de fer, à la dose de 1 kilogramme de lignite, 0k,48 de chaux et 0k,3 de sulfate de fer par mètre cube ; le sulfate de fer ayant ici pour but de remplacer le sulfure et le sulfate ferrugineux qui se trouvent en grande abondance (de 10 à 18 pour 100) dans le lignite employé. Le résultat de ce traitement a été, selon les auteurs du procédé, de précipiter la totalité des matières putrescibles et de fournir des eaux parfaitement claires, non susceptibles d'entrer de nouveau en putréfaction. Quant aux boues obtenues, elles ne donnaient, assurent-ils, aucune odeur et pouvaient être desséchées à l'air sans inconvénient pour le voisinage. M. Maridort, professeur de chimie à Reims, a également rendu un bon témoignage des résultats.

Bien que notre opinion personnelle soit, comme nous l'avons déjà dit, que l'innocuité d'un pareil traitement serait loin, dans la pratique, d'être ce qu'on la suppose ici, nous nous arrêterons seulement au côté économique de la question pour montrer, d'après les propres chiffres des inventeurs, qu'une telle exploitation serait, financièrement parlant, tout à fait désastreuse. « M. Maridort, disent-ils « dans l'intéressant mémoire qu'ils ont publié sur la question, « après l'analyse des boues, trouve, en suivant les pro- « cédés de M. Boussingault, et en appliquant son évalua- « tion des corps qui constituent un engrais, que le mètre « cube de cette boue vaudrait 20 francs à l'état anhydre ; « mais comme il est presque impossible de le donner à cet « état et qu'il faudrait, même au point de vue de son effet « fertilisant, lui laisser un peu d'eau, soit 40 à 50 p. 100, « il ne faudrait le compter qu'au prix de 10 francs le mètre « cube. Ainsi donc, 1 mètre cube d'eau épurée coûterait

« $0^f,04$. D'après nos expériences, on peut compter sur un « produit résultant de l'épuration de 6 kilogrammes, à « 10 francs les 100 kilogrammes, soit $0^f,06$, ce qui donne-« rait un bénéfice considérable... Mais il est à craindre que « la grande quantité de cet engrais n'en fasse descendre « le prix, et qu'au lieu de 10 francs, on ne soit obligé de le « vendre 5 francs, ce qui ne donnerait plus que le prix de « revient ; peut-être même serait-on forcé, dans le com-« mencement, de le céder aux cultivateurs à raison de « 3 francs le mètre cube. » Or, à raison de 3 francs, cela ferait $0^f,018$ de recette contre $0^f,04$ de dépense, et même à raison de 5 francs, on aurait, non pas le prix de revient, comme on l'avance, mais seulement $0^f,03$ contre $0^f,04$ de dépense. Ces résultats paraîtront encore bien plus insuffisants si l'on songe : 1° que M. Méridort a calculé la valeur des boues d'après les éléments qu'elles contiennent, comparés poids pour poids aux éléments du fumier de ferme. Or tout le monde sait que le fumier de ferme possède, indépendamment de ses éléments chimiques pris abstraitement, une valeur effective de *constitution*, que les boues sont loin de posséder au même degré, surtout avec la forte proportion de charbon qu'elles contiennent ; 2° le prix de revient de $0^f,04$ est formé en comptant moins de $0^f,02$ par mètre cube épuré, pour la main-d'œuvre, les frais généraux, l'intérêt et l'amortissement du capital (les réactifs entrent pour $2^c,271$). Or, d'après les résultats observés en Angleterre, ce chiffre serait sensiblement dépassé ; 3° le prix de 20 fr. à l'état anhydre ou de 10 fr. à l'état hydraté moyen est assigné sans tenir compte des frais de transport pour amener la boue aux champs. Le cultivateur ne payerait donc jamais ce prix entier, et cela d'autant moins que la production des boues étant plus considérable, il faudrait s'adresser à des consommateurs plus éloignés.

Nous ne prétendons pas conclure de là que la ville de Reims, en particulier, aurait tort d'appliquer un pareil traitement à ses eaux d'égout. Il se peut au contraire qu'à raison de circonstances spéciales, urgence de combattre l'infection, impossibilité d'employer les eaux en arrosage de prairies, etc., elle ait intérêt à faire un sacrifice pécuniaire plutôt que de demeurer dans l'état actuel. Mais cela ne prouverait nullement que l'épuration chimique est par elle-même un procédé satisfaisant ni qu'on doit la recommander d'une manière générale. Il est bien évident, au contraire, que ce n'est là qu'une solution *faute d'autre*, et que c'est cette *autre* qu'il faut, par conséquent, s'appliquer à trouver.

CHAPITRE II.

PROCÉDÉS AGRICOLES OU EMPLOI SUR LES TERRES CULTIVÉES.

Les méthodes agricoles ont pour but essentiel d'employer les eaux d'égout *à l'état naturel*, c'est-à-dire telles qu'elles sortent des villes, pour l'arrosage des cultures et spécialement des prairies permanentes.

Cette circonstance que les eaux sont utilisées dans l'état même où elles se présentent, sans traitement préalable ni préparation d'aucune sorte, caractérise précisément le procédé et le distingue de tous les autres ; elle en fait le mérite et l'originalité, et ramène les choses à ce respect du *circulus*, proclamé comme loi nécessaire de la vie (*). L'ar-

(*) « Les lois de la nature, dit excellemment M. Henry Austin, rapporteur du *General Board of Health*, ne souffrent point de halte. « Le simple éloignement des matières en décomposition n'est qu'un « expédient. Le grand cercle de la vie, de la mort et de la reproduction doit être fermé ; et tant que les éléments de la reproduction « ne seront pas employés pour le bien, ils travailleront pour le « mal. » La conséquence de cette doctrine, c'est que les matières

rosage dans de telles conditions n'est plus en effet que la dernière phase de la circulation continue, pendant laquelle la terre reprend au passage tout ce que les récoltes lui avaient emprunté.

A l'inverse de ce qui a eu lieu pour les procédés chimiques, où les études de laboratoire ont précédé et guidé les applications en grand, pour les procédés agricoles la pratique a dès longtemps devancé la théorie. L'irrigation à l'eau d'égout était en honneur, depuis nombre d'années, à Édimbourg, Milan et autres lieux, avant que la science moderne eût songé à en faire la base de l'assainissement des cours d'eau. Ce sont les résultats obtenus dans quelques localités qui ont fait concevoir la possibilité d'en généraliser le principe. On a institué alors des observations multipliées qui ont déterminé, à leur tour, des applications sur la plus grande échelle.

La méthode des irrigations a subi, en Angleterre, l'épreuve de trois grandes enquêtes, ordonnées par les pouvoirs publics et conduits par les hommes les plus éminents. La première a commencé avec les études du *General Board of Health* sur la question, vers 1852, et s'est terminée avec l'existence même de ce comité, en 1858. Les conclusions, bien que très-favorables, n'ont pu cependant se faire universellement accepter, un peu faute de preuves suffisantes et surtout à cause de la nouveauté du point de vue. D'ailleurs l'attention était détournée du sujet par la nécessité plus pressante encore d'améliorer l'hygiène des villes, si gravement menacée à cette époque. La seconde enquête, faite par le parlement lui-même, a été provoquée par la question du drainage de Londres et par l'opportunité de préserver la Tamise de l'infection. Elle a duré quatre années, de 1862

---

impures contenues dans les eaux d'égout doivent immédiatement faire retour à la terre, et qu'il ne faut, en aucun cas, suspendre le mouvement qui les éloigne des villes.

à 1865. Tous les avis ont été appelés à se produire dans des interrogatoires publics, tandis que des expériences en grand se poursuivaient à Rugby, sous l'œil d'une commission de savants et de praticiens (*). Voici les conclusions générales de cette seconde enquête, telles qu'elles sont consignées aux documents officiels (**) :

« Il ne peut y avoir de doute, est-il dit, sur les dom-« mages qui résultent de la pratique généralement suivie « de décharger les liquides d'égout et autres résidus aux « rivières où les populations viennent s'alimenter. Ces « liquides sont en outre une cause de mort pour le poisson « et diminuent ainsi considérablement les moyens de sub-« sistance des habitants.

« Il a été décidé que l'envoi de ces liquides aux cours « d'eau constitue une atteinte au droit commun.

« Il est d'absolue nécessité qu'une telle pratique cesse.

« On n'a découvert aucun moyen artificiel efficace pour « rendre potable ou pour approprier aux usages culinaires « l'eau qui a été une fois souillée par les liquides d'égout. « Les procédés connus, mécaniques ou chimiques, ne peu-« vent produire qu'une désinfection partielle : une telle eau « est toujours susceptible d'entrer de nouveau en putréfac-

(*) Cette commission, instituée en 1861 par ordonnance royale pour expérimenter en grand l'usage des eaux d'égout à Rugby, était, en mars 1865, composée des cinq hommes éminents dont les noms suivent : comte Essex, président ; Robert Rawlinson, J. Thomas Way, J. B. Lawes et John Simon. M. Thomas Way, que nous avons déjà eu occasion de citer, est appelé par ses compatriotes le Liebig de l'Angleterre ; M. Rawlinson est inspecteur général des travaux publics; le comte d'Essex, est un des premiers agronomes du royaume; M. Lawes est le plus grand fabricant d'engrais artificiels du monde entier; enfin M. John Simon, secrétaire du conseil sanitaire au ministère de l'intérieur, est connu par ses savantes publications.

(**) Voir les enquêtes de 1862 sur les eaux d'égout des villes, ainsi que les rapports de la commission d'expériences de Rugby. Voir surtout le *Report from the select committee on sewage (metropolis)*, 1864.

« tion. *L'eau qui à l'œil paraît le mieux purifiée, par filtra-*
« *tion ou autrement, peut, sous certaines conditions, en-*
« *gendrer des épidémies graves au sein des populations*
« *qui en font usage.* Au contraire, le sol et les racines des
« plantes à végétation active ont un grand pouvoir pour
« débarrasser rapidement les eaux d'égout des impuretés
« qu'elles contiennent et pour les rendre tout à fait inoffen-
« sives désormais. La seule alternative qui reste donc est
« de répandre les liquides d'égout sur les terres (*).

« Il est non-seulement possible de les utiliser en les ame-
« nant dans la campagne par un système de tuyaux et de
« conduites, mais même une telle entreprise peut devenir
« une source de bénéfices pour les villes qui disposent ainsi
« de leurs résidus.

« Ce bénéfice peut, en quelques années, augmenter con-
« sidérablement ; car déjà aujourd'hui, la quantité d'engrais
« artificiels est insuffisante et les sources des plus impor-
« tants seront bientôt épuisées. Il faut donc recourir à des
« moyens nouveaux pour fertiliser les terres.

« Le drainage de la métropole réclame comme complé-
« ment, dans le plus bref délai possible, l'adoption d'un
« système qui puisse convertir un élément nuisible en une
« source permanente de fertilité. »

(*) Le corps de l'enquête offre des déclarations plus explicites encore, s'il se peut, en faveur de l'arrosage, comparé aux autres procédés : « Il résulte de nos expériences, dit le Dr Hofmann, « que tous les plans conçus pour utiliser les eaux d'égout, ex- « cepté celui qui consiste à les employer en irrigations, portent « en eux-mêmes la preuve de leur impraticabilité. » (Enquête de 1862, *on sewage of towns.*) « Les méthodes de précipitation des « eaux d'égout, dit le professeur T. Way, n'ont jamais donné des « résultats qui payent la somme dépensée..... C'est une erreur « d'opérer la séparation des eaux d'égout en deux parties. » (Même enquête.) « Mon opinion, dit le Dr Franckland, est que « la seule méthode pour employer les eaux d'égout considérées « comme engrais, c'est de les appliquer directement sur les terres, « avec ou sans désinfection préalable, mais, s'il est possible,

La troisième enquête a été entreprise en 1865 et dure encore. Les savants commissaires (*) qui ont eu charge de trouver les moyens de protéger les cours d'eau, après avoir parcouru les divers bassins de l'Angleterre, ont conclu qu'il n'y avait point d'autre solution au problème que de faire servir les liquides d'égout à l'arrosage. « Tous « les modes d'emploi de l'eau d'égout des villes, disent- « ils dans leur rapport de 1866 sur la purification de la « Tamise, autrement que par application aux terres, nous « paraissent, par un côté ou par un autre, soulever des « objections. Les fosses à ordures dans les villes cor- « rompent l'air et l'eau des puits : elles sont incompatibles « avec la santé publique et doivent être abolies. Le drai- « nage est donc devenu une nécessité pour toute commu- « nauté importante. La difficulté est d'opérer avec le vo- « lume d'eau d'égout ainsi accumulée, de manière à ne pas « corrompre l'atmosphère ou les rivières : les désinfectants « et le filtrage ont été essayés de bien des façons, mais « sans succès. *En tant qu'appliqués aux liquides d'égout,* « *les désinfectants ne désinfectent pas et les filtres ne filtrent* « *pas.* » — « Aucun mode de traitement des eaux d'égout « n'est satisfaisant, répètent-ils dans un second rapport de « 1867, si ce n'est l'application directe aux terres pour

« sans désinfection. » (Même enquête.) Selon M. Lawes, « l'emploi « de l'eau d'égout à l'état naturel est la meilleure manière de « l'appliquer aux terres. » (Enquête de 1865.) « L'engrais des « villes, dit le Dr Odling, doit être appliqué aux terres en l'état où « il existe dans les égouts. » (Même enquête.) « Pour les convertir « (les éléments fertilisants des eaux d'égout) en matière solide, « dit le baron Liebig, il faut une dépense supérieure à la valeur « qu'on en retirerait pour la production. L'application de l'eau « d'égout sur les terres offre véritablement le seul moyen d'utiliser « les matières fertilisantes qu'elle contient. » (Lettre au lord maire de Londres, du 19 janvier 1865.)

(*) La commission est composée de : MM. Robert Rawlinson, J. Thomas Way et J. Thornhill Harisson, assistés d'un légiste comme secrétaire.

« les besoins de la culture. » La conviction des commissaires à cet égard est telle qu'ils ont proposé de rendre l'arrosage obligatoire, et à cette fin d'accorder aux villes la faculté de se procurer les terrains par voie d'expropriation (*).

Principales règles de l'irrigation.

Pour qu'une irrigation à l'eau d'égout puisse donner les bons résultats qu'on en attend, il est nécessaire qu'on observe certaines règles au double point de vue de la salubrité et du profit commercial. Ce qui a jeté jusqu'à ces derniers temps de la défaveur sur le procédé et a le plus contribué à en retarder l'adoption, c'est précisément l'insuccès qu'ont eu certaines applications faites en dehors de ces règles. L'omission de quelques conditions a eu en effet pour résultat tantôt de donner lieu à des phénomènes d'infection, tantôt d'entraîner des sacrifices pécuniaires; on les a faussement attribués, dans les deux cas, à la méthode elle-même, tandis qu'ils étaient dus uniquement à la manière vicieuse dont celle-ci était comprise et appliquée. La première chose dans une entreprise de ce genre est donc de se placer dans les conditions que l'observation a révélées comme liées étroitement au succès du procédé. Or ces conditions sont les suivantes :

En premier lieu, il faut que l'eau d'égout soit distribuée aux terres en état de fraîcheur. On conçoit que si l'eau sort des villes déjà corrompue, il est impossible de

(*) « Présentement, disent-ils, les villes n'ont pas le pouvoir de « prendre la terre destinée à l'arrosage par l'eau d'égout, si ce « n'est d'un commun accord. Si cependant l'application des eaux « d'égout aux terres ne reste plus facultative, il sera nécessaire « que les villes soient armées de droits suffisants pour exproprier « les terrains nécessaires à l'irrigation : l'exercice de ces droits « doit être accompagné des restrictions convenables pour en pré- « venir l'abus. »

garantir l'innocuité de l'irrigation. Au contraire, quand la canalisation souterraine livre des liquides convenablement frais et étendus, l'odeur que ceux-ci dégagent sur les terres est à peine perceptible (*). Il ne suffit pas cependant que le réseau urbain soit en bon état; il faut évidemment qu'il en soit de même de l'aqueduc d'amenée. Ainsi, ce dernier doit posséder une pente égale, sinon supérieure à celle des grands collecteurs, soit de 20 centimètres par kilomètre; il doit, comme eux, être couvert, afin de ne pas risquer d'incommoder les populations dont il traverse le territoire, et comme eux aussi il doit être construit de manière à ne pas retenir de débris putrescibles le long des parois. Quant aux rigoles de distribution, généralement découvertes pour les besoins de l'irrigation et dans un but d'économie, il importe au plus haut degré de les entretenir avec soin et de prévenir tout séjour des matières (**). Enfin on doit éviter les bassins de dépôt, les barrages et tous autres agencements de nature à rendre les liquides stagnants sur quelque point. Indépendamment des inconvénients inhérents à la stagnation, il arrive immanquablement qu'un jour ou l'autre quelque averse subite détermine le débordement des bassins, et alors les matières se répandent sur des terres non préparées pour les recevoir et y pourrissent après que les eaux se sont retirées.

Nous venons de parler des *rigoles* de distribution; c'est qu'en effet tel est le mode consacré pour l'application des

(*) La salubrité de l'irrigation est ici liée à la salubrité même des galeries d'égout, laquelle varie directement avec le degré de fraîcheur des liquides qui les parcourent.

(**) Les plaintes qu'ont souvent provoquées les irrigations d'Édimbourg tiennent uniquement à la mauvaise disposition des canaux. Les rigoles principales sont si grossièrement établies et si mal entretenues, qu'elles deviennent, disent les commissaires de 1866, « des cloaques d'eau stagnante où s'accumulent des dépôts de matières corrompues. » Des conséquences fâcheuses sont nécessairement à redouter, mais, remarquent-ils, « ce sont là des vices « qui peuvent être prévenus par les soins ordinaires. »

eaux. On a essayé vainement des conduites tubulaires avec ou sans charge forcée, destinées soit à épancher l'eau latéralement, soit à permettre l'arrosage à la lance. Ces dispositions ont été reconnues infiniment trop coûteuses, et il a fallu y renoncer. L'emploi des tuyaux n'est admissible que pour les lignes principales; mais pour les lignes secondaires, en beaucoup plus grand nombre, il faut se contenter des dispositions les plus simples, souvent même d'entailles faites à la charrue ou à la bêche, qu'on supprime au besoin quand on vient à changer de culture. Un conduit économique peut être formé avec des tuyaux ordinaires de drainage agricole, joints par bouts, à moitié enterrés dans le sol et à moitié en saillie. Chaque tuyau ou ligne de tuyau peut ainsi être déplacé à la main et transporté sur un point quelconque pour l'arrosage et remis de nouveau en place facilement.

Quelle que soit la situation d'un terrain d'arrosage par rapport à la ville dont il reçoit les eaux, il faut toujours que la distribution s'y fasse *naturellement* ou par la seule action de la gravité; en d'autres termes il faut que le liquide domine le terrain et qu'on n'ait qu'à le laisser couler dans les rigoles. C'est un déplorable système que de racheter partiellement des différences de niveau en pompant tantôt sur un point, tantôt sur un autre. Ces installations mécaniques sont toujours mal faites et mal entretenues; c'est une occasion pour les liquides de séjourner et de pourrir au pied des pompes. Quand les liquides viennent d'une région trop basse, il faut les remonter en masse sur un point déterminé, de façon à faire déboucher le flot à un niveau convenable. Une seule installation importante est bien préférable à toutes ces petites installations partielles; non-seulement chaque chose est mieux soignée, mais on évite ainsi les causes de stagnation tenant à ce que la distribution doit être momentanément suspendue sur telle ou telle partie du terrain.

Il est beaucoup plus facile qu'on ne le pense généralement de trouver un terrain propice pour recevoir les eaux d'égout. La constitution géologique du sol est rarement un obstacle, et à l'exception des terres exposées à être submergées, il n'y a, pour ainsi dire, pas de terrain qui ne puisse s'accommoder à cette destination. On connaît des irrigations qui réussissent à merveille sur des sables siliceux à peu près purs, comme à Édimbourg, et d'autres qui réussissent non moins bien sur l'argile forte, comme à South-Norwood. Or entre ces deux extrêmes sont compris à peu près tous les degrés d'état mécanique du sol qu'on est exposé à rencontrer. A certains égards même, selon la remarque des commissaires de 1866, une argile compacte peut convenir mieux encore que des sols légers; car par sa nature, elle est plus apte à produire une forte végétation, et d'après ses propriétés chimiques bien connues, elle a plus d'efficacité pour purifier l'eau d'égout. Toutefois, il ne faudrait point s'exagérer cet avantage qui, dans la pratique, peut être plus que contre-balancé par la considération qu'un tel terrain livre passage à une quantité bien moindre de liquide dans un temps donné.

A ce propos, il importe de préciser le vrai rôle du sol dans les phénomènes qui accompagnent l'irrigation des cultures. On est souvent disposé à attribuer au sol une part d'effets qui appartient réellement à la végétation. On a dit, par exemple, que le sol *absorbe* les matières contenues dans les eaux d'égout, non-seulement les matières en suspension, mais encore les matières en dissolution, et qu'il s'enrichit ainsi graduellement, de sorte qu'une terre stérile au début devient fertile par la suite. C'est là une erreur complète, au moins pour les sols sableux, qui sont précisément ceux où l'on réalise l'épuration à la plus haute dose. Encore même pour les sols argileux, qui, comme nous l'avons dit tout à l'heure, jouissent effectivement de propriétés purificatrices, le phénomène ne se produit que dans une mesure fort restreinte. En réalité l'épuration des liquides et par conséquent l'absorption de leurs principes fertilisants est faite par les végétaux. Ce sont eux qui déterminent la séparation des matières et fixent les éléments susceptibles de les alimenter. Le sol n'agit là que comme une sorte d'intermédiaire, pour transporter l'élément nutritif du liquide à la plante. Il arrête au passage les matières en suspension et sert de réservoir aux matières en dissolution jusqu'à ce que les racines des végétaux en aient fait leur profit. Mais lui-même reste pauvre, et pour peu que la végétation soit active, il se retrouve au bout d'un long temps dans le même état qu'auparavant; témoin les sables irrigués d'Édimbourg, qui, depuis deux siècles, toujours également arides, continuent à porter des récoltes également fécondes. Aussi, comme le remarquent judicieusement les commissaires de 1866, la même terre peut servir indéfiniment pour l'arrosage; « car, disent-ils en réponse à une « autre préoccupation, il ne s'agit point là d'une pratique « qui épuise le sol, mais bien d'une pratique qui le renou- « velle constamment. » Effectivement le sol ne s'épuise pas plus qu'il ne s'enrichit. On conçoit dès lors combien est grande l'erreur de ceux qui espèrent arriver par ce moyen à *féconder* le sol et qui poursuivent notamment l'idée d'un *colmatage*. Un tel résultat n'est possible qu'à une condition : *l'insuffisance de la végétation elle-même.* Alors, il est vrai, si les végétaux sont insuffisants pour absorber toutes les matières qui leur arrivent, les parties en supension pourront s'accumuler sur le sol, mais les principes dissous s'échapperont en majeure partie, de sorte que la purification sera incomplète. D'autre part, les matières retenues à la surface et non absorbées par les plantes entreront en putréfaction et produiront des dégagements redoutables. A ce double point de vue, la salubrité ne sera donc pas satisfaite. Le véritable agent de la désinfection, on ne saurait trop le répéter, c'est la plante; par suite, pour que la désinfection marche dans de bonnes conditions, il faut que la végétation soit assez touffue et assez active pour que toute matière ait chance d'être assimilée quelque part qu'elle se présente.

De là résulte cette conséquence importante : c'est que le meilleur mode de culture, au point de vue de l'épuration, est celle des prairies permanentes; car sur les prairies, et sur les prairies exclusivement, on peut répandre l'eau sans crainte que les matières n'y rencontrent des places vides et n'y demeurent hors des atteintes de la végétation. Non-seulement les prairies désinfectent mieux, mais elles désinfectent davantage; nous voulons dire par là qu'on y peut faire passer un plus fort volume d'eau d'égout dans un temps donné. En effet, à surface égale, aucune culture ne développe des forces d'assimilation aussi grandes. Enfin les prairies ont l'avantage, capital en cette matière, de se prêter à l'arrosage en toutes saisons. Sans doute il est des époques de l'année où, sous le rapport commercial, l'eau d'égout convient mieux : par un temps froid et humide, par exemple, il est évident que l'arrosage est moins fructueux que pendant les sécheresses d'été. Mais ce n'est pas là le point de vue qui nous occupe en ce moment : nous parlons de l'épuration proprement dite, et nous disons que les prairies sont susceptibles de rendre leurs services tout le long de l'année. « Si le domaine (de l'irrigation) « est assez vaste, disent les commissaires de 1866, « il n'y a pas de moment où quelque portion ne soit apte « à recevoir l'eau d'égout. L'irrigation peut marcher nuit « et jour, en temps humide comme en temps sec, en été « comme en hiver. A Croydon, où l'on a l'avantage de la « pente, l'eau d'égout (quoique variant de volume aux « différentes heures) coule sur la terre sans interruption, « continuelle comme le temps lui-même (*). C'est un

(*) Parole du poëte anglais.

« point de la plus haute importance, vu la nécessité que « l'eau d'égout, aussitôt produite, soit emportée loin de la « ville et appliquée dans son état de fraîcheur... »

Quant à la nature même du végétal qui doit former la prairie, tous les avis s'accordent à reconnaître que le ray-grass d'Italie présente le plus d'avantages. C'est, disent les agriculteurs consultés, « l'arrangement le plus profitable. » Ce n'est pas à dire qu'on ne puisse arroser aussi d'autres cultures. Au besoin les essais de la ville de Paris, que nous avons rapportés, prouveraient la diversité d'applications dont l'eau d'égout est susceptible. En Angleterre même, des emplois variés ont été essayés en grand : on a reconnu, ce qui était facile à prévoir, que l'eau d'égout, comme tout bon engrais, peut féconder toute espèce de récolte; mais ce qui importe véritablement, on a reconnu aussi que le danger d'infection n'était évité qu'à la condition d'agencements coûteux et que le profit commercial s'abaissait considérablement. La grande objection de laisser les matières pourrir dans les intervalles des plantes se présente alors nécessairement, et l'on ne peut se contenter des simples rigoles découvertes dont nous avons parlé. « L'application sur la terre « arable, dit la commission de Rugby dans son rapport « de 1865, exigerait essentiellement l'emploi des tuyaux « et de la lance au lieu de rigoles découvertes, et même « ainsi on ne parviendrait à utiliser qu'une faible partie de « la quantité totale. » Les conditions dans lesquelles se trouve l'engrais, ajoutent ces mêmes expérimentateurs, « rendent tout à fait impossible de l'appliquer, sur une « large échelle, aux terres arables portant des céréales ou « d'autres récoltes alternées (*). »

(*) « Les seuls chiffres exacts qu'on ait, disent-ils, sur les résultats « de l'application de l'eau d'égout aux céréales sont ceux qui pro- « viennent des expériences faites par le comte d'Essex sur du blé, « et ceux obtenus avec de l'avoine à Rugby et consignés dans ce « rapport; dans les deux cas, l'accroissement des produits repré-

On a parfois élevé des doutes sur la qualité de l'herbe obtenue avec de pareils arrosages. Une première crainte, bien vite dissipée, qui s'était produite dans les districts très-manufacturiers, était que les résidus des fabriques ne fussent nuisibles aux végétaux. Mais l'opinion des chimistes compétents, J. T. Way, A. Smith, Hofmann, Franckland, Lawes, etc., en même temps que des expériences agricoles accomplies sur divers points, notamment à Birmingham, ont complétement rassuré les esprits. Ces résidus se neutralisent en partie les uns par les autres et arrivent d'ailleurs sur les champs dans un tel état de dilution que les effets en sont insensibles. Une autre crainte, qui subsiste même aujourd'hui chez diverses personnes, c'est que les déjections et autres rebuts organiques délayés dans les liquides ne communiquent à l'herbe un mauvais goût et même ne la rendent malsaine pour les bestiaux. Les faits observés dans plusieurs localités rassurent encore à cet égard. Ils démontrent que l'herbe verte est non-seulement parfaitement saine, mais que les vaches qui pâturent dessus fournissent du lait excellent, avec lequel on peut faire du beurre de première qualité. « Les chimistes, disent les commissaires de 1866, « prouvent par des analyses minutieuses que lait et beurre « sont l'un et l'autre meilleurs que les échantillons fournis « par la même terre cultivée en prairie ordinaire. » Mais ce qui vaut mieux encore que les vérifications du laboratoire, c'est l'expérience des personnes qui font usage du produit.

« sente un très-gros profit par mètre cube d'eau employé. Les circonstances dans lesquelles ont eu lieu les expériences de Rugby « étaient, il est vrai, tout à fait exceptionnelles; et, dans les endroits où les applications les plus étendues de ce genre ont été « faites, à un point de vue commercial, notamment à Watford, « Rugby et Alnwich, la pratique a été abandonnée; d'autre part, « à Édimbourg et à Croydon, où les meilleurs résultats de prairies « ont été obtenus, l'application au blé et autres récoltes alternées « ne fait point partie de l'ensemble du système adopté. » (Même rapport.)

Or, sans parler de la consommation qui s'effectue de temps immémorial à Édimbourg et dans d'autres lieux, on a des observations plus précises, dues à la compagnie des irrigations de Londres: cette compagnie, en effet, dans un domaine arrosé à l'eau d'égout depuis deux ans, entretient 250 vaches laitières, nourries exclusivement avec l'herbe qui provient du domaine, et le lait vendu journellement dans la capitale au prix courant du marché ne le cède en qualité à aucun autre.

Il est un point cependant par lequel l'herbe arrosée présente quelque infériorité. Il paraît qu'à cause, non des matières contenues dans le liquide, mais bien de la grande quantité du liquide lui-même, l'herbe est aqueuse, en sorte qu'elle se sèche plus difficilement pour donner du fourrage d'hiver et qu'elle convient moins bien à l'engrais du bétail dont la chair se trouve ainsi moins ferme et moins nourrissante. Mais la difficulté peut être tournée. Il résulte, en effet, de nombreuses observations qu'en associant dans une proportion convenable ce fourrage avec certains autres aliments, par exemple avec les tourteaux de graines oléagineuses, on peut le faire consommer avec succès. C'est ainsi, du reste, que les choses se passent à Édimbourg. Les Craigentinny meadows servent à l'engrais du bétail; les cultivateurs qui afferment ces terrains reconnaissent eux-mêmes que l'herbe s'y consomme d'une manière très-profitable, quand on l'associe avec des graines et autres aliments bien choisis (*).

Somme toute donc, l'arrosage des prairies offre le meilleur emploi possible de l'eau d'égout. Quant à la manière même d'effectuer cet arrosage, nous avons peu de chose à en dire : on opère avec l'eau d'égout comme avec l'eau ordinaire. En Angleterre l'usage a consacré la méthode dite *d'Édimbourg*, laquelle consiste à disposer la surface du ter-

(*) Voir les dépositions de MM. A. Bryce et J Christy, ainsi que les explications de M. W. Hope, dans l'enquête de 1865, sur l'emploi des eaux d'égout de la métropole.

rain en plans inclinés sur chacun desquels l'eau est déversée au moyen d'une rigole, presque de niveau, qui suit l'arête supérieure. Une autre rigole, tracée le long de l'arête inférieure, recueille l'excédant des eaux qui découle de la prairie et l'évacue au dehors ou sur une autre bande de terrain; enfin quelques rigoles transversales, tantôt perpendiculaires aux précédentes, tantôt obliques, suivant l'inclinaison du sol, ouvertes à la bêche ou par un trait de charrue, facilitent la dispersion du liquide. La façon de la terre, en vue d'un semblable arrosage, ne dépasse pas ordinairement 3 à 400 francs par hectare (*). Une autre méthode, qui présente plus d'avantages quand l'eau d'égout est relativement peu abondante et qu'on se propose dès lors de l'économiser, est celle qu'on applique en Espagne pour les irrigations ordinaires. Elle consiste à diviser la surface en plates-bandes horizontales, entourées chacune d'un petit mur en terre; l'eau se déverse d'une de ces enceintes dans l'autre après avoir atteint une hauteur de 6 ou 7 centimètres. Il est clair qu'on peut de cette manière utiliser la totalité du liquide, c'est-à-dire rendre nul l'écoulement superficiel; mais il est visible aussi que ce procédé ne saurait convenir quand il s'agit de faire passer un fort volume d'eau dans un temps donné (**).

(*) « La terre destinée à l'irrigation, disent les rapporteurs de « 1866, n'exige pas un travail coûteux pour être réglée et nivelée; « elle ne nécessite pas non plus qu'on installe des bassins dispen- « dieux pour recevoir et conserver les liquides. L'argile forte que « la charrue a découpée en crêtes et sillons peut être ramenée à « une pente uniforme en abaissant les crêtes et remblayant ainsi « en partie les sillons, de façon à ce que l'eau d'égout, quand elle « arrive, ne tombe pas dans chacun d'eux comme dans un fossé, « en laissant le reste relativement à nu. Ce travail peut coûter en- « viron 5 livres l'acre (312 francs l'hectare). On peut débarrasser « les champs peu étendus des haies inutiles, afin d'avoir de plus « larges surfaces à sa disposition. »

(**) La compagnie d'irrigation de Londres se propose, comme nous le verrons, d'appliquer ce procédé sur son domaine, si elle est assez heureuse pour vendre au public la majeure partie de ses eaux d'égout.

Un point de la plus haute importance, sous le double rapport de la salubrité et du rendement, c'est l'assèchement du sol qui reçoit les eaux d'égout. La plupart des inconvénients dont on s'est plaint au voisinage des irrigations tiennent à ce que les moyens d'écoulement sont insuffisants; les liquides forment alors des flaques marécageuses qui exhalent des odeurs insupportables. La première condition est donc que la surface du sol soit bien réglée et que l'excédant des eaux s'en écoule librement. Quant à la portion qui pénètre à l'intérieur, on ne doit pas hésiter à recourir au drainage pour peu que la perméabilité du sol ou la disposition des couches sous-jacentes laisse à désirer. En thèse générale, il est bon que la plus forte proportion possible d'eau passe à travers le sol comme à travers un filtre; on est sûr ainsi que la séparation des matières en suspension se fait mieux et que les éléments dissous subissent eux-mêmes plus directement l'action de la racine des plantes. Si l'on a recours au drainage, il ne faut pas perdre de vue que les drains profonds sont les plus efficaces, parce qu'ils favorisent davantage la circulation de l'air, si nécessaire ici pour brûler la forte proportion de matières organiques charriées avec les liquides. Quand la configuration du terrain le permet, l'eau sortant des drains peut être appliquée avantageusement à trois ou quatre arrosage successifs : on la purifie ainsi plus complétement. Car c'est encore là un des points qui ont donné lieu à réclamations; on a souvent attribué à l'inefficacité des irrigations un manque de pureté qui tenait uniquement à ce que les liquides avaient passé trop vite sur les prairies.

Reste enfin la question de l'emplacement. S'il est vrai, comme nous l'avons dit, que la nature géologique du sol crée rarement un obstacle, en revanche, il est d'autres considérations qui restreignent le choix. Ainsi l'on doit éviter, pour diverses raisons, de se placer dans le voisinage des villes; car bien que les irrigations convenablement conduites développent peu d'odeurs, il faut cependant prévoir le cas où, par suite de négligences ou d'accidents fortuits, des inconvénients viendraient à se produire. D'ailleurs quand on opère sur les eaux d'une grande ville et qu'on arrose par conséquent une grande surface, un tel voisinage, ne fût-ce qu'à raison de l'humidité, ne saurait être indifférent. En outre, les nappes d'eau souterraines risquent d'être souillées par les infiltrations, et les puits domestiques, si le sol est très-poreux, peuvent être mis tout à fait hors d'usage. A un autre point de vue, celui du haut prix des terrains, on a grand intérêt à fuir les lieux peuplés : « La dépense d'achat de la terre, disent les commis- « saires de 1866, peut faire plus que compenser les frais « d'accroissement de conduite et ceux de l'élévation méca- « nique des eaux même à une hauteur considérable (*). Si « tout le terrain qui avoisine la ville est bâti et qu'on ne « puisse en acquérir qu'à un prix inusité, cela ne crée point « un obstacle, il faut seulement aller plus loin pour cher- « cher un emplacement où le sol ait moins de valeur. Le « conseil de salubrité de Croydon, ainsi qu'il ressort de la « déposition du président et de l'ingénieur, est tout prêt, « s'il ne peut renouveler à des conditions raisonnables le « bail de la ferme de Beddington, à pomper son eau d'égout « à 150 pieds (45 mètres) de haut pour dominer le terrain « dans un rayon étendu. »

Quand on est obligé de relever les eaux à l'aide de pompes, il convient, ainsi que le fait le conseil métropolitain de Londres pour le service de ses égouts, d'éliminer de

(*) L'élévation mécanique des eaux d'égout de Londres ne revient pas à plus de 1 centime par mètre cube porté à 75 mètres de haut. Or, 1 centime ne représente pas le dixième de la valeur commerciale des eaux d'égout. Quant aux frais de conduite, ils sont encore moins considérables, surtout quand on opère sur de grands volumes de liquides. Ainsi, à Londres, l'établissement de l'aqueduc destiné à conduire l'eau d'égout au bord de la mer ne la renchérira pas de 3 millimes par mètre cube et par myriamètre de parcours.

ces eaux les corps étrangers susceptibles de déranger les mécanismes. Ces corps consistent, d'une part en pailles, chiffons, bois et autres objets flottants, d'autre part en pierrailles, fers cassés et autres corps durs. La séparation se fait simplement, sans arrêt du liquide, au moyen de grilles et de canaux découverts où la vitesse est assez ralentie pour que les débris pesants puissent se déposer. Quand on n'a pas à pomper, cette séparation n'est plus indispensable ; néanmoins elle peut avoir son utilité pour prévenir l'obstruction des conduites ou même pour préserver les cultures de la présence de corps inertes sans aucune efficacité pour la végétation. On se détermine à cet égard selon la nature des liquides auxquels on a affaire.

En résumé, employer les eaux d'égout à l'état naturel, en les débarrassant au besoin des corps les plus grossiers qui pourraient obstruer les conduites ; les répandre aussi fraîches que possible sur des prairies permanentes disposées en vue d'une irrigation par fossés et rigoles découvertes ; amener les eaux par un aqueduc couvert d'une pente d'au moins 20 centimètres par kilomètre, et prévenir l'arrêt des matières dans cet aqueduc ainsi que dans tous autres canaux ; distribuer l'eau par la seule gravitation et conséquemment remonter, s'il est nécessaire, le flot à la machine, de facon à commander la surface d'arrosage ; choisir des terrains dont la perméabilité soit en rapport avec la quantité de liquide qui doit les traverser et en général préférer les sols légers et drainés ; veiller par-dessus toutes choses à ce que l'écoulement, soit superficiel, soit souterrain, se fasse bien et qu'il n'y ait nulle part de nappe stagnante ; éviter le voisinage des villes ou même des districts populeux et s'attacher à *se bien placer* plus encore qu'à diminuer les frais de parcours ou d'élévation mécanique ; conduire enfin l'irrigation avec toutes les précautions qui en assurent la marche régulière et qui préviennent les accidents de nature à nuire au voisinage, telles sont les conditions principales dont il importe de ne pas s'écarter si l'on veut que ce genre d'opération donne tous les bons résultats qu'on est en droit d'en espérer.

2° Dose à l'hectare.

C'est un point très-controversé que celui de savoir quelle est la quantité d'eau d'égout qu'il convient de faire passer annuellement sur un hectare de prairie. Il va de soi que cette quantité varie suivant le climat et surtout suivant la nature du terrain et ses facilités d'écoulement; aussi n'est-ce pas à ce point de vue que nous signalons une divergence d'opinion. Mais on suppose une même nature de terrain, pareillement cultivé, dans une localité déterminée; c'est dans ces conditions identiques que les chiffres mis en avant par les divers praticiens varient considérablement. On trouve, par exemple, des agronomes qui, dans l'enquête relative à l'emploi des eaux d'égout de Londres, ont réclamé une surface d'arrosage correspondant à une dose de 1.500 mètres cubes seulement par hectare (*), tandis que les commissaires belges, chargés d'élaborer le projet relatif à la ville de Bruxelles, ont admis la possibilité de faire passer sur un hectare 200.000 mètres cubes (**). Sans nous arrêter à ces extrêmes, nous dirons que les appréciations usuelles varient entre 5.000 et 20.000 mètres cubes.

La cause d'un aussi grand écart tient à ce qu'on ne se place pas au même point de vue. Les uns raisonnent implicitement comme s'il s'agissait de retirer le plus grand profit possible de l'eau d'égout, les autres comme s'il s'agissait d'en épurer la plus grande quantité possible sur une surface donnée. Or on peut dépasser notablement la dose qui cor-

(*) 80 000 hectares pour 120 millions de mètres cubes par an.
(*) 60 hectares seulement pour 12 millions de mètres cubes.

respond au plus grand profit agricole sans cesser pour cela d'obtenir une épuration satisfaisante. Voici en effet comment les choses se passent.

Si l'on envoie très-peu d'eau sur un hectare, le rendement de la récolte augmente, il est vrai, mais dans des proportions trop faibles pour que les frais afférents à la préparation du terrain et aux soins de l'irrigation puissent être couverts. Il y a donc une limite au-dessous de laquelle l'opération ne serait pas pécuniairement avantageuse. Mais au-dessus de cette limite, toute nouvelle dose, accroissant le rendement et n'accroissant pas sensiblement les frais (ils sont, comme on sait, à peu près indépendants de la quantité d'eau), apporte nécessairement un bénéfice. On peut ainsi élever la dose et augmenter en même temps le profit total, tant que toute addition d'eau détermine un surplus de rendement. Or les observations recueillies en divers lieux et les expériences de Rugby démontrent qu'on peut effectivement augmenter beaucoup la dose (si le terrain, bien entendu, s'y prête), sans cesser d'accroître le rendement; ainsi, même au delà de 25.000 mètres cubes, la commission de Rugby obtenait encore un résultat fructueux. Mais — et c'est précisément la distinction que nous signalions en commençant — l'accroissement de rendement qui correspond à une certaine dose supplémentaire n'est pas le même, suivant que ce supplément s'ajoute à une dose déjà forte ou à une dose encore faible. Il résulte en effet des expériences de Rugby :

Que sur une terre arrosée avec 7.500 mètres cubes d'eau à l'hectare, l'accroissement de récolte dû à chaque mille mètres cubes était 12,50 pour 100 de la récolte primitive, c'est-à-dire de la récolte obtenue sans arrosage;

Qu'en ajoutant une nouvelle dose de 7.500 mètres cubes, chaque mille mètres cubes de cette dose additionnelle n'apportait qu'un accroissement de récolte de 10,50 pour 100;

Qu'en ajoutant une troisième dose de 7.500 mètres cubes,

chaque mille mètres cubes de cette troisième dose ne produisait qu'un accroissement de 8,10 pour 100;

Et ainsi de suite, en s'affaiblissant à mesure qu'on forçait davantage la dose.

Il est donc évident qu'au-dessus d'une certaine limite, il y a plus d'avantage à reverser la dose supplémentaire sur un deuxième hectare de terrain, malgré les frais d'appropriation qui en résultent, qu'à la superposer sur le même hectare. L'écart entre les deux rendements correspondants fait plus que compenser les frais d'arrosage du deuxième hectare. Il est assez difficile, on le comprend, d'assigner cette limite qui peut varier avec une foule de circontances. La commission de Rugby l'a fixée à 12.000 mètres cubes environ (pour les terrains de Rugby, s'entend), c'est-à-dire qu'au-dessus de ce chiffre il y aurait, suivant elle, plus de béfice à reporter le surplus sur un autre hectare (*). D'autres praticiens, entre lesquels M. Hope, l'un des concessionnaires des eaux d'égout de Londres, ont articulé, dans l'enquête de 1865, le chiffre de 7 à 8.000 mètres cubes comme étant

(*) « Eu égard au coût de la distribution, lit-on aux conclusions « de la commission, il est probable que le mode d'emploi le plus « avantageux consisterait à restreindre les surfaces en adoptant « des arrangements spéciaux en vue d'appliquer la plus forte part, « sinon la totalité de l'eau, à des prairies permanentes ou autres, « disposées de façon à pouvoir la prendre toute l'année, en ne « comptant qu'occasionnellement sur d'autres cultures situées à « proximité de l'aire ainsi desservie. On ferait surtout fond, pour « obtenir au moyen de l'eau d'égout des produits autres que le « lait et la viande, sur le défoncement périodique des prairies et « sur l'application à la terre labourée de l'engrais solide résultant « de la putréfaction des herbes irriguées. Il est probable que la « dose d'environ 12.000 mètres cubes à l'hectare, judicieusement « appliquée sur des prairies bien disposées pour la recevoir, assu- « rerait, dans la grande majorité des cas, le résultat le plus avan- « tageux. » Et plus loin : « A en juger par les résultats des expé- « riences et par ceux de la pratique ordinaire, on doit admettre « que l'emploi le plus avantageux de l'eau, dans la majorité des « cas, consistera à l'appliquer à raison de 12.000 mètres cubes en- « viron par hectare de prairie ordinaire ou de ray-grass d'Italie.

le plus avantageux. Il est vraisemblable que ce chiffre répondait, dans leur esprit, aux terrains que la compagnie métropolitaine se proposait alors d'arroser, c'est-à-dire aux terrains situés le long de la Tamise, lesquels sont dans des conditions d'écoulement moins favorables que ceux de Rugby; or il est clair qu'à mesure que les facilités d'écoulement diminuent, la même dose est plus voisine du point de saturation des cultures, et il y a dès lors intérêt à s'arrêter plus tôt dans la voie des doses croissantes. Entre les chiffres de la commission de Rugby et ceux de la compagnie métropolitaine, on peut adopter celui de 10.000 mètres cubes, comme correspondant à la moyenne des terrains (*). Telle est la conclusion à laquelle on arrive en se plaçant au point de vue du plus grand profit agricole.

Mais quand on examine la question au point de vue de la clarification des liquides, la limite précédente peut être considérablement dépassée. On peut facilement la doubler et même la tripler, sans craindre de préjudicier à la salubrité, si le terrain est favorablement disposé pour l'assèchement. A peine est-il besoin de dire qu'une terre forte et compacte, même drainée, conviendrait mal en ce cas, et qu'avec de pareil volumes, il est nécessaire de se placer sur des sols légers; mais avec des sables absolument purs, pourvus de toutes les facilités d'écoulement superficiel et souterrain, la consommation pourrait être poussée jusqu'à 40.000 mètres cubes par hectare. C'est, du moins, ce que tendent à prouver quelques observations faites aux environs d'Édimbourg et à Rugby. La compagnie métropolitaine a admis la possibilité de pareilles doses pour les sables littoraux qu'elle projette de reprendre sur la mer du Nord, et la commission d'enquête de 1866 a même accepté, à la suite de ses investigations, le chiffre de 50.000 mètres cu-

(*) Ce volume ainsi réparti sur l'hectare représente une hauteur d'eau annuelle de 1 mètre.

bes (*). Toutefois, on ne doit pas se le dissimuler et les autorités que nous citons ont été les premières à le signaler, à ces extrémités la parfaite épuration des liquides n'est plus assurée. On peut bien encore faire face aux nécessités de l'assèchement et prévenir la putréfaction sur le sol, mais on court risque de corrompre les cours d'eau. La dose de 40.000 mètres cubes à l'hectare est donc une limite extrême qu'il ne faut pas songer à dépasser, et qu'il est même prudent de pas atteindre.

En résumé, on peut poser les chiffres suivants :

mètres cubes à l'hectare.	
10.000. . .	Maximum du profit agricole (**) et excellente épuration.
20.000. . .	Profit moyen et épuration convenable.
40.000. . .	Profit très-faible. — Maximum du volume à épurer.

Il n'est pas sans intérêt de rechercher à quels nombres d'habitants dans les villes ces chiffres correspondent. Bien

(*) « Le rapport entre l'étendue de terre à arroser, disent les « commissaires dans leur rapport de 1867, et la population est « variable. Si le but est de clarifier l'eau d'égout sur la moindre « surface possible, sans préoccupation du plus grand produit « (commercial) à obtenir ou du plus haut degré de purification, un « terrain à sous-sol de sable ou de gravier convient le mieux : ce « terrain agit comme un filtre, il absorbe de forts volumes de « liquide et l'eau coule à travers le sous-sol. Mais ce mode d'opérer avec d'énormes quantités de liquides sur un sol perméable « ne doit pas être recommandé quand on est exposé à corrompre « des puits ou des cours d'eau. Sur un sol pauvre (sableux ou graveleux) on peut faire passer ainsi annuellement de 5.000 à « 20.000 tonnes par acre (de 12.500 à 50.000 mètres cubes par « hectare), tandis que sur une bonne terre, où l'on désire obtenir « des récoltes payant bien et une purification parfaite, 6.000 tonnes « par acre (15.000 mètres cubes à l'hectare) sont tout ce qu'on peut « appliquer avantageusement... Si l'irrigation donne naissance à « des flaques marécageuses, cela sera dû entièrement à la disposition du terrain, à l'insuffisance de l'écoulement à la surface « et à travers le sous-sol, bien plutôt qu'à la quantité de liquide « appliquée. »

(**) Par mètre cube, s'entend.

entendu, il ne peut être ici question que de moyennes plus ou moins approximatives, vu que pour un même nombre d'habitants, le volume des eaux d'égout varie avec plusieurs circonstances et principalement avec celles-ci : 1° avec la quantité d'eau distribuée dans la ville pour le service public ou les usages privés; 2° avec la quantité d'eau pluviale. Ce dernier élément est soumis lui-même à deux influences: d'une part, la nature du climat, et d'autre part, la densité relative de la population ou l'étendue de la ville par rapport au nombre de ses habitants.

Les seules observations précises qu'on possède à cet égard ont été faites à Paris et à Londres. A Paris, MM. Mille et Durand Claye ont constaté qu'en 1868 la distribution d'eau avait été moyennemment de 213.689 mètres cubes par jour et le débit du collecteur de 190.905 mètres cubes. Mais ce débit ne comprenait pas, pendant les dix premiers mois, l'affluent de la rive gauche (*), lequel, d'après une observation ultérieure, paraît élever le débit d'environ 40.000 mètres cubes. En faisant la correction en conséquence pour les dix premiers mois, on trouve un débit moyen total de 225.000 mètres cubes environ, correspondant à la susdite distribution de 213.689 mètres cubes. Le débit de l'égout aurait donc été égal à la distribution augmentée de 5 p. 100. En d'autres termes, les pluies, dont le volume cependant s'était élevé, d'après les mêmes obvateurs, à 114.726 mètres cubes par jour, n'auraient guère fait que compenser les pertes de tous genres qu'éprouvent les eaux à leur trajet dans la ville. A Londres, les observations de M. Bazalgette ont conduit la compagnie métropolitaine d'irrigations à admettre qu'elle pourrait disposer de 120 millions de mètres cubes d'eau d'égout par an, non compris les jours de grosses pluies au nombre d'une

(*) On sait que le collecteur de la rive gauche n'a été relié à celui de la rive droite qu'à partir du mois de novembre 1868.

quinzaine. La distribution publique, d'un autre côté, est d'environ 300.000 mètres cubes par jour, soit, pendant les 350 journées correspondantes au débit susmentionné, de 110 millions de mètres cubes, chiffre égal à ce débit augmenté de 10 pour 100. Nous retrouvons ici à peu près le même rapport que pour Paris; à la vérité, nous avons négligé les 15 jours de grosses pluies, qui auraient sensiblement élevé le débit, parce qu'à Londres la population est beaucoup moins dense qu'à Paris, et en outre le climat y est plus humide. Moyennant cette correction, on voit que dans l'une comme dans l'autre capitale, le volume des eaux d'égout surpasse peu le volume de la distribution. Il convient de remarquer qu'à mesure que le chiffre de la distribution s'élève, cette inégalité tend à disparaître ou même à se produire en sens inverse; car la quantité de pluie restant constante, compense de moins en moins les pertes, qui sont une fraction à peu près déterminée du total. Donc si pour des distributions de 120 à 140 litres par habitant et par jour (qui sont celles sur lesquelles ont porté les observations), on a trouvé que le débit du collecteur était légèrement supérieur à la distribution, il est vraisemblable que pour 160 à 180 litres, par exemple, il lui serait seulement égal, et qu'au delà il deviendrait inférieur.

Cela posé, remarquons que dans la généralité des villes la distribution d'eau varie de 100 à 200 litres par habitant et par jour, et qu'on peut considérer le chiffre de 160 à 170 litres comme une bonne moyenne. Or ce contingent représente 60 mètres cubes environ par an (*). Par suite, les chiffres précédemment établis de 10.000 mètres cubes, 20.000 mètres cubes et 40.000 mètres cubes à l'hectare, correspondent respectivement à 166 habitants, 333 habitants et 666 habitants; en d'autres termes, pour pratiquer

(*) 165 litres multipliés par 365 jours donnent 60 mètres cubes et un quart (exactement 60.225 litres).

l'épuration, il faut 1 hectare par 166, 333 ou 666 habitants, selon qu'on veut donner à l'hectare des doses de 10.000, 20.000 ou 40.000 mètres cubes. On peut présenter ces nombres sous une autre forme plus facile à retenir, en disant qu'il faut 1 hectare et demi par 250, 500 ou 1.000 habitants. D'après cela, la relation entre le chiffre de la population d'une ville, la surface de prairies et les résultats de l'irrigation est la suivante :

Nombre d'habitants correspondant à 1 hectare 1/2 arrosé.	
250.	Maximum du profit agricole et excellente épuration.
500.	Profit moyen et épuration convenable.
1.000.	Profit très-faible.—Maximum du volume à épurer.

Ainsi la moindre surface dont on doive disposer est celle de 1 $\frac{1}{2}$ hectare par 1.000 habitants, soit 3.000 hectares pour une ville qui, comme Paris ou la rive nord de Londres, compterait environ 2 millions d'âmes. Au-dessous de cette limite, la salubrité pourrait être gravement compromise, et, pour avoir des résultats agricoles avantageux, il serait nécessaire de se maintenir sensiblement au-dessus, par exemple d'avoir une surface double.

Tant que la distribution d'eau s'écarte peu de la moyenne que nous avons supposée, ces conclusions sont applicables, car la distribution venant, par exemple, à augmenter, le débit des égouts augmente, il est vrai, et par suite aussi la dose à l'hectare; mais comme, d'autre part, les matières d'égout se trouvent plus délayées, on peut, sans inconvénient, en faire passer un volume un peu plus grand sur le terrain. Mais il est bien évident qu'il y a une limite, et que si l'on s'écarte beaucoup, en plus ou en moins, de la moyenne supposée, la surface exigée par habitant devient plus grande ou plus petite. Néanmoins, il est vraisemblable qu'entre 150 et 180 litres, par exemple, les chiffres ci-dessus peuvent être maintenus, étant toujours entendu que les villes dont on s'occupe sont dans des conditions de climat et de densité analogues à celles de Paris, ou, si elles sont dans des conditions semblables à celles de Londres et de la plupart des villes anglaises, on fait la correction relative aux jours de grosses pluies.

3° *Valeur de l'eau d'égout et bénéfices de l'irrigation.*

La valeur de l'eau d'égout, estimée commercialement, est un point encore plus controversé que celui de la dose à l'hectare. Nous espérons mettre en évidence la cause de ces divergences, par l'analyse attentive des travaux faits en Angleterre et des dépositions entendues dans les diverses enquêtes. Mais hâtons-nous de dire que si les appréciations varient beaucoup sur le *quantum* de la valeur à attribuer aux eaux d'égout, elles ne touchent pas du moins au principe de cette valeur elle-même, en ce sens que tout le monde s'est accordé à reconnaître que l'eau d'égout, rendue au lieu d'arrosage, possède une valeur propre, autre que celle de l'eau ordinaire, et susceptible de se traduire en résultats commerciaux.

L'opinion la plus défavorable, relativement à l'importance de cette valeur, existe en France et particulièrement à Paris. Dans notre pays beaucoup de personnes ne sont pas éloignées de croire que les liquides d'égout ne valent pas beaucoup plus que l'eau de certains fleuves, ou que s'il y a une différence en leur faveur, du moins cette différence ne vaut guère la peine d'être chiffrée commercialement ; d'où, comme conséquence, que toute entreprise qui serait fondée sur la vente ou l'emploi de ces liquides comme moyen de rémunérer le capital engagé dans le travail de dérivation et d'arrosage, serait nécessairement ruineuse pour ses auteurs. Sans partager absolument cette manière de voir, nous reconnaîtrons cependant que, dans une certaine mesure, elle est fondée. Il est indubitable que les eaux d'égout de Paris ont une faible valeur, fort au-dessous de celle qu'on attribue en Angleterre à ces sortes de liquides. La raison en est qu'à Paris les égouts ne reçoivent pas les matières fécales ni même la totalité des eaux ménagères. Mais ce n'est point à cela que nous faisions allusion tout à l'heure, quand nous parlions de l'écart entre les évaluations : nous supposions des liquides *complets*, c'est-à-dire enrichis comme en Angleterre ou dans une partie de la Belgique, de toutes les déjections; or c'est dans ces conditions, en apparence identiques, que les évaluations se montrent très-divergentes. Effectivement le prix assigné à l'eau d'égout, rendue sur les lieux d'arrosage, par les divers chimistes ou agriculteurs qui, dans le Royaume-Uni, se sont occupés de la question, varie depuis $0^{f},05$ le mètre cube jusqu'à $0^{f},40$ (*), soit dans le rapport de 1 à 8.

Les raisons d'un pareil écart sont les deux suivantes :

En premier lieu, les liquides sur lesquels on a expérimenté avaient des richesses différentes, non-seulement parce que le drainage privé était plus ou moins répandu dans la population, et que les établissements industriels

(*) L'évaluation la plus élevée est celle du baron Liebig. L'illustre chimiste, faisant le calcul des éléments fertilisants contenus dans les liquides de Londres, d'après le chiffre de la population, arrive à un total de 50 millions de francs, tandis que le volume total des eaux d'égout serait de 150 millions de mètres cubes par an (lettre au lord maire, du 19 janvier 1865). Il convient même, en acceptant ces bases, de porter le chiffre de 50 millions à 60 millions au moins, attendu que la population sur laquelle le baron Liebig a raisonné est inférieure à la population réelle; mais 60 millions de francs pour 150 millions de mètres cubes représentent $0^{f},40$ pour 1 mètre cube. Empressons-nous d'ajouter que le grand chimiste a fait remarquer lui-même que l'état de dilution dans lequel se trouvent ces éléments en modifie considérablement la valeur. L'estimation ci-dessus n'est donc, dans l'opinion même de son auteur, qu'une sorte de limite supérieure de la valeur possible des eaux d'égout.

étaient plus ou moins nombreux, mais surtout parce que les villes étaient inégalement pourvues d'eau alimentaire. Or il est clair que si la consommation par tête est de 200 litres au lieu de 100, la valeur vénale des liquides d'égout s'abaisse considérablement. Mais il est facile de reconnaître que les diverses localités sur lesquelles ont porté les observations et auxquelles se référaient tacitement les personnes entendues dans les enquêtes, possédaient en effet des distributions d'eau fort différentes. En second lieu, et c'est là une cause d'écart plus puissante encore que la précédente, les uns ont raisonné comme si l'arrosage devait être *constant*, c'est-à-dire pratiqué tout le long de l'année, sans tenir compte des besoins de la culture, et les autres, au contraire, comme s'il devait être *intermittent* ou pratiqué seulement aux époques les plus favorables. En d'autres termes, on n'a pas distingué, selon que l'eau d'égout devait être employée à la convenance du cultivateur, quand et comme bon lui semblerait, ou selon qu'elle devrait être répandue obligatoirement, de façon à satisfaire avant tout aux exigences de la salubrité. Or c'est une distinction qu'il importe essentiellement de faire, car de l'avis de tous les praticiens, la circonstance est décisive et fait varier la valeur de l'eau au moins dans la proportion de 1 à 4. « J'aimerais « mieux, dit un des hommes les plus autorisés, M. Lawes, « l'auteur des expériences de Rugby, j'aimerais mieux « donner 2 deniers (0f,20) par tonne dans un cas que ½ de- « nier (0f,05) dans l'autre. » Ces chiffres, à peu de chose près, ont été reproduits par tous les agriculteurs qui ont déposé aux enquêtes de 1864 et 1865 (*). En prenant la

(*) M. Archibald Campbell, après avoir accepté le chiffre de 2 deniers par tonne, ajoute : « Si j'étais forcé de prendre une « grande quantité d'eau d'égout toute l'année, cela ne me con- « viendrait pas : si je le faisais, je ne voudrais pas la payer plus « d'un farthing (1/4 denier) à 1/2 denier la tonne. » (Enquête de 1865.) M. Frédéric Wagstaff « consentira bien, dit-il, à payer l'eau

moyenne entre ces deux extrêmes, 0f,05 et 0f,20, on arrive à une valeur courante de 0f,125 par mètre cube. Cette estimation est corroborée par celle des chimistes et des ingénieurs. Leurs évaluations, bien que différentes entre elles par suite, sans nul doute, des mêmes motifs, font ressortir cependant la même moyenne, 12 à 15 centimes (*).

Les résultats pratiques constatés à Édimbourg, Croydon, Rugby et autres lieux, viennent également en confirmation. A Édimbourg, par exemple, un grand nombre de pièces de terre recevant en moyenne 10.000 mètres cubes à l'hectare, ont atteint une valeur locative de 1.500 francs par hectare, alors qu'elles ne se louaient pas 50 francs auparavant. En déduisant les frais de culture qui sont peu importants (la terre ne reçoit aucune autre espèce de fumure), on arrive à un chiffre de 12 à 1.300 fr., représentatif de la valeur des 10.000 mètres cubes, soit 0f,12 à 0f,13 par mètre cube. Dans la même localité, des parties hautes, qui paraissent recevoir une vingtaine de mille mètres cubes par hectare, ont atteint jusqu'à 2.500 fr. de valeur locative, ce qui met le mètre cube à 0f.10 ou 0f,11, chiffre plus faible que le précédent, à raison de la trop forte dose (20.000 mètres cubes,

« d'égout de Londres 2 deniers, mais en supposant qu'il puisse la « prendre au moment même où elle lui serait le plus utile, et en « telle quantité que de besoin, et non aux autres époques de « l'année. » (Même enquête.) Les autres agriculteurs, MM. Joseph Paxton, Samuel Bury, Congrève, Watershaws, etc., font entendre des appréciations analogues. Ces avis ont d'autant plus de poids que les hommes dont nous citons les noms sont riverains de l'aqueduc de dérivation projeté pour les irrigations de Londres et seront appelés sans doute un jour à acheter l'eau d'égout à la compagnie concessionnaire. Ils avaient donc un intérêt évident à ne pas forcer d'avance le chiffre qu'ils consentiraient plus tard à payer.

(*) Le docteur A. Vœlcker fixe la valeur de l'eau d'égout à 0f,20 la tonne (enquête de 1865). M. Rawlinson se déclare disposé à accepter ce chiffre (enquête de 1864). Le professeur Way, qui donne une des évaluations les plus basses, admet une valeur d'environ 1 denier (0f,10) par tonne. La moyenne entre ces chiffres est 0f,15.

au lieu de 10.000). Il est d'ailleurs à remarquer que l'eau d'égout d'Édimbourg n'a pas toute la valeur qu'elle pourrait avoir, parce qu'elle ne reçoit qu'en partie les matières fécales. A Croydon, où la dose est modérée et appliquée avec une grande intelligence, la valeur approche de 0f,15. De son côté, M. Lawes a trouvé à Rugby que l'application de 20.000 mètres cubes fournissait un revenu de 1.500 fr., ce qui assignerait au mètre cube une valeur de près de 0f,08, et par suite de près de 0f,10 avec une dose moitié moindre. Mais l'eau de Rugby ayant une composition relativement faible à cause de l'abondance de la distribution d'eau (près de 200 litres par tête et par jour), on retombe bien près, on le voit, des précédentes évaluations. Au surplus, nous reviendrons avec plus de détail sur ces chiffres, quand nous décrirons les entreprises d'irrigations ; nous verrons, par la même occasion, que les résultats obtenus à Milan concordent parfaitement avec eux.

En résumé, on peut admettre que l'eau d'égout, enrichie, nous le répétons, de toutes les déjections de la population, et employée partie à la convenance de la culture, partie pour satisfaire aux exigences de la salubrité, a une valeur moyenne de 0f,12 à 0f,13 le mètre cube (*). Cette valeur augmente ou diminue, selon qu'on modère à son gré la dose à l'hectare, ou selon, au contraire, qu'on est obligé de l'exagérer; elle varie alors entre les limites extrêmes de 0f,05 et 0f,20. On peut ainsi poser, avec une grande probabilité d'exactitude, l'échelle suivante :

0f,20 pour les circonstances exceptionnellement favo-

(*) Cette valeur est établie dans l'hypothèse d'une distribution d'eau alimentaire s'éloignant peu de celle des villes sur lesquelles ont porté les observations, par conséquent de 130 à 140 litres par tête et par jour, ce qui est à peu près, notamment, le chiffre de Londres. Si l'on considérait une ville où la distribution fût très-différente, la valeur de l'eau d'égout, dans cette nouvelle condition, se déduirait aisément de la précédente.

rables, où l'on n'aurait à se préoccuper que des besoins de la culture;

0f,15 pour la dose normale de 10.000 mètres cubes à l'hectare;

0f,10 pour la dose intermédiaire de 20.000 mètres cubes à l'hectare;

0f,05 seulement pour la dose extrême de 40.000 mètres cubes, quand tout est sacrifié aux nécessités de l'épuration.

Les trois derniers chiffres correspondent respectivement, on le remarquera, aux surfaces d'arrosage calculées à raison de 1 ½ hectare par 250, 500 et 1.000 âmes de la population desservie.

Il est à peine besoin d'ajouter que ces évaluations pourraient être influencées par le climat, et que dans un pays très-sec, par exemple, l'eau d'égout prendrait, abstraction faite des éléments fertilisants qu'elle contient, une valeur d'arrosage en rapport avec les besoins d'humidité de la culture.

Cet aperçu nous permet de dégager, avec quelque approximation, les données commerciales d'une entreprise d'irrigation à l'eau d'égout. Tout d'abord, nous écarterons le prix exceptionnel de 0f,20, sur lequel la prudence fait un devoir de ne pas compter, et nous restreindrons les prévisions entre 0f,05 et 0f,15. Tout l'art des entrepreneurs doit être naturellement de se rapprocher le plus possible des circonstances qui permettent d'aspirer au prix de 0f,15 par mètre cube (*).

(*) Il y a pour les entrepreneurs d'autant plus de nécessité à le faire que la limite inférieure de 0f,05 ne paye pas en général, à moins de circonstances très-favorables, les frais de l'opération; c'est ce qui ressortira avec évidence des chiffres que nous indiquerons plus tard pour quelques grandes entreprises. Or il est bien certain que si l'insuffisance des profits existe à l'égard des cités importantes, elle existe à bien plus forte raison pour les villes secondaires, car, dans un travail de dérivation, la dépense d'établissement n'augmente pas en proportion du volume des eaux. Ce n'est

De là ressort une conséquence importante : le prix de 0f,15 et même celui de 0f,10 ne pouvant être sûrement atteint qu'à la condition que l'irrigation ne soit pas faite exclusivement au point de vue de l'épuration, mais qu'on y tienne compte, dans une certaine mesure, des convenances de la culture, et celle-ci, de son côté, ne pouvant en général consommer l'eau tout le long de l'année, l'entrepreneur doit donc, s'il se propose de vendre son eau au public, prévoir le cas où une partie seulement de cette eau serait vendue, et où même, à certaines époques, elle resterait entièrement à sa charge. Il doit s'organiser en conséquence, c'est-à-dire laisser les agriculteurs libres de prendre l'eau quand et comme bon leur semble, et ne pas leur imposer une consommation constante, sous peine de voir alors son prix tomber vers la limite de 5 centimes. Comme l'épuration ne souffre pas d'ailleurs d'arrêt, il s'ensuit que l'entrepreneur doit être en mesure de consommer lui-même, à un moment quelconque, la portion invendue de ses eaux. Il faut donc qu'il ait à sa disposition une certaine étendue de terrain, et pour peu que la proportion d'eau non vendue soit considérable, la dose à l'hectare sur ce terrain ne devra pas être trop forte, ne pas dépasser, par exemple, celle qui correspond au prix de 10 centimes ou la dose de 20.000 mètres cubes. A plus forte raison en serait-il de même si l'entrepreneur avait en vue de consommer ses eaux en totalité : il ne devrait alors en aucun cas descendre au-dessous de 10 centimes, et il devrait, par conséquent, avoir au moins 1 $\frac{1}{2}$ hectare par 500 habitants, et même il devrait faire tous ses efforts pour disposer s'il était possible, de 1 $\frac{1}{2}$ hectare par 250 habitants.

---

guère que vers 0f,08 ou 0f,10 que les grandes entreprises auxquelles nous faisons allusion peuvent couvrir entièrement leurs frais. Il y a donc pour les entrepreneurs plus qu'un motif d'amélioration des bénéfices, il y a une nécessité vitale à viser aux prix de 0f,10 à 0f,15 par mètre cube.

Ainsi la condition fondamentale pour qu'une entreprise d'irrigation soit fructueuse, c'est : si l'entrepreneur entend consommer lui-même toutes ses eaux, qu'il dispose de $1\frac{1}{2}$ hectare au moins pour 500 habitants ; et s'il se propose, au contraire, d'en vendre la plus large part possible, qu'il soit en mesure de consommer la portion des eaux que n'achèteront pas les cultivateurs. Cette portion elle-même sera appliquée à dose plus ou moins forte selon que, par son importance, elle formera ou ne formera pas un des éléments essentiels du bénéfice. Nous raisonnons là, c'est évident, au point de vue du succès purement commercial ; mais si l'on ne s'occupe que du côté sanitaire, si par exemple l'entrepreneur n'est autre que la ville elle-même, cherchant beaucoup plus tôt l'assainissement que le profit, la condition change alors, et la ville peut être amenée, pour simplifier la conduite de son opération et réduire la mise de fonds au strict nécessaire, à se procurer la moindre surface possible et y appliquer des doses de 20 à 40.000 mètres cubes à l'hectare, c'est-à-dire à se contenter de $1\frac{1}{2}$ hectare par groupe de 500 à 1.000 habitants.

Un autre point très-important, qui doit guider l'entrepreneur, quel que soit d'ailleurs le résultat sanitaire ou commercial qu'il poursuive, c'est de se procurer de préférence des terrains de qualité inférieure. Il y a beaucoup plus d'avantage à acheter à bas prix une terre infertile qu'à payer chèrement une terre féconde. Les qualités propres au sol disparaissent devant la puissance de l'arrosage : la seule chose à considérer, c'est la perméabilité et la facilité d'écoulement. Pourvu que le sol présente ces conditions, le reste n'importe guère, comme le prouvent les brillantes récoltes obtenues avec l'eau d'égout sur des sables siliceux absolument purs.

CHAPITRE III.

DESCRIPTION DE DIVERSES ENTREPRISES D'IRRIGATIONS.

1° *Irrigations en Angleterre.*

Rien ne démontre mieux la supériorité de la méthode des irrigations, sous le double rapport de la salubrité et de la culture, que l'observation des résultats obtenus en Angleterre. Ces résultats, dont nous avons été témoin en plusieurs lieux, ont d'autant plus de valeur aux yeux d'une critique impartiale, qu'ils ont été minutieusement scrutés et appréciés par les personnes qui avaient le plus d'intérêt à ne pas se laisser induire en erreur, savoir : 1° par le comité chargé de préparer la solution à intervenir pour les eaux d'égout de Londres; 2° par la commission d'enquête pour la protection des cours d'eau; 3° ce qui semblera peut-être plus décisif encore, par une autorité étrangère à l'Angleterre, par le comité belge envoyé pour étudier le projet d'assainissement de la Senne. Aussi ferons de fréquents emprunts aux rapports officiels de ces corps savants, préférant même, sur tous les points essentiels, exposer les faits d'après ces documents que d'après nos propres observations.

Localités diverses. — Édimbourg est un des points qui a le plus attiré les visiteurs. L'antiquité des irrigations qu'on y pratique (deux siècles selon certains auteurs), la stérilité absolue du sol et la prospérité des récoltes l'ont désigné de bonne heure à l'attention. Les délégués du conseil métropolitain l'ont visité en 1865. Leur première remarque porte sur la qualité des eaux d'égout, lesquelles ne recevant qu'une partie des matières fécales, sont naturellement moins riches et ont moins de valeur que celles qui se trouvent dans des conditions normales. Ces eaux proviennent de 70 à 80000 habitants, concentrés dans la vieille ville. Elles sortent du côté est, à un endroit nommé Sunny Bank, sur la route de Berwick, et forment un ruisseau découvert qui contourne sur ce point une prairie très-favorablement disposée pour l'arrosage. De là le ruisseau coule au nord jusqu'à la ferme de Lochend, qui comprend environ 32 hectares d'argile ou de sable, avec sous-sol rocheux. M. Scott, qui l'occupe, s'est donné beaucoup de mal pendant ces dix dernières années, disent les délégués, pour appliquer l'eau dans les meilleures conditions possibles. Il peut irriguer une partie de ses terrains par gravitation ; pour le reste, il a fait construire une roue hydraulique de quatre à cinq chevaux, faisant marcher quatre pompes qui remontent l'eau sur 5 hectares, moyennant une dépense annuelle de 250 à 300 francs. La majeure partie de sa terre porte du ray-grass d'Italie, qu'il faut labourer et réensemencer tous les trois ans. Il fait trois coupes par an et arrose trois fois entre deux coupes ; sur 12 hectares il a obtenu cinq coupes. Il vend tout le produit à des nourrisseurs de vaches : il n'a pas fait le compte du poids, mais il a assuré au comité que sa terre, qu'on aurait difficilement louée auparavant 320 fr. l'hectare, rapportait aujourd'hui 1.500 francs l'hectare. M. Scott a aussi un bassin ou réservoir, dans lequel il laisse l'eau déposer et d'où il retire une quantité considérable de matière noire, de nature animale, qu'il estime un engrais très-actif.

Les Craigentinny meadows sont plus connus que les prairies de Lochend. Elles sont sur le bord de la mer et longent la route entre Leith et Portobello, à environ 2.300 mètres d'Édimbourg. Elles sont la propriété de M. Samuel Christy Miller. Il y a là en tout une centaine d'hectares, dont 80 sont arrosés par gravitation et 20 au moyen d'une machine à vapeur. Leur nature varie beaucoup : la partie qui est le plus près de la mer, appelée Figgate Whims, est absolument formée d'un sable pur que le moindre coup de bêche ramène à la surface; mais à l'ouest de la route, le sol est formé d'un bon limon, passant à l'argile compacte près des bâtiments.

L'eau d'égout arrive de la ville par un canal découvert et est distribuée par des rigoles sur la surface de la terre, laquelle est dans des conditions plutôt favorables, par suite d'une bonne inclinaison vers la mer. Les renseignements obtenus sur les lieux par le comité métropolitain, relativement à la quantité d'eau appliquée, n'ont pas été concluants, car aucun moyen mécanique de jaugeage n'ayant été prévu, il est impossible de faire une estimation même approximative. Mais il n'y a aucun doute sur les résultats eux-mêmes : les coupes d'herbes sont affermées annuellement à l'enchère et le prix atteint de 1.250 à 1.750 francs par hectare, dans la partie basse, et même, sur quelques points de la partie haute, il s'est élevé jusqu'à 2.500 francs par hectare. L'acheteur a le droit de faire autant de coupes qu'il veut, du 1er avril au 10 octobre, époque où le propriétaire rentre en jouissance de sa terre et fait pâturer des moutons pendant six semaines avant l'hiver. Certaines parties du terrain passent pour être irriguées depuis deux cents ans, mais la plus grande partie l'est seulement depuis trente-cinq ans : elle a été au début ensemencée en gazon varié et ne l'a pas été de nouveau. La terre qui avoisine la côte ne valait pas auparavant 16 francs de loyer par hectare : elle en vaut aujourd'hui plus de 1.300. Il faut faire observer que ni M. Scott, à Lochend, ni M. Miller, à Craigentinny, ne payent rien à la ville d'Édimbourg pour l'eau d'égout, qui, depuis un temps immémorial, s'est écoulée au ruisseau où ces agriculteurs s'alimentent ; mais il ressort des chiffres ci-dessus qu'elle a une valeur réelle, qui doit s'éloigner peu de 11 à 12 centimes par mètre cube. Cette valeur serait vraisemblablement accrue d'un quart et portée à 14 ou 15 centimes si l'eau recevait la totalité des matières fécales. Quant aux résultats sanitaires, ils ne laissent à désirer qu'à cause de la manière dont est faite l'application. Ainsi que nous l'avons déjà remarqué, le mauvais état des rigoles, l'excès de liquide et le manque d'écoulement sur certains points nuisent à l'efficacité du procédé; néanmoins il n'en est pas résulté d'inconvénients sérieux, et on n'a constaté jusqu'ici aucune atteinte à la santé publique.

C'est à Croydon qu'on trouve l'application la plus complète. La terre arrosée confine Beddington Park, et consiste en 100 hectares d'un sol glaiseux, reposant sur la craie. Toute la surface possède une bonne inclinaison vers la Wandle, éminemment favorable au succès de l'opération. L'eau d'égout est filtrée sommairement et amenée par gravitation dans un canal ouvert au sommet des terres; de là elle se distribue par de petits fossés ou tranchées, et coule à la surface au moyen de rigoles temporaires tracées çà et là par les cultivateurs. La population dont les déjections sont ainsi amenées sur les terres, est de 17.000 âmes; la dose annuelle à l'hectare est évaluée à 7.500 mètres cubes. Un dixième de la surface totale est arrosé à la fois, en sorte que chaque portion reçoit l'eau trente-six jours par an. Le liquide coule environ pendant cinq heures sur la terre, et ce temps est tout à fait suffisant pour le *désodoriser*, disent les délégués, et pour permettre aux herbes de le dépouiller de ses matières fertilisantes. Après deux ou trois jours d'irrigation, le flot qui abandonne les terres est à peu près insipide, incolore et inodore. La plus grande partie de la ferme porte du ray-grass d'Italie, qu'il faut renouveler tous les trois ans, et les produits paraissent très-considérables. Quelques portions sont encore à l'état de prairies naturelles. Le conseil de Croydon a pris à bail cette métairie à raison de 250 francs par hectare et la sous-loue lui-même à M. Marriage sur le pied de 312f,50, ce qui constitue une différence de 62f,50 à son profit.

On doit considérer cette dernière somme comme une sorte de redevance mise à l'emploi de l'eau, mais le chiffre est loin de représenter la valeur du liquide, car d'après les comptes produits aux délégués du conseil métropolitain, il y a 4 coupes annuelles par hectare, qui se vendent chacune environ 500 fr. L'herbe est surtout employée pour nourrir à l'étable des vaches laitières. Les travaux préparatoires du sol, en vue de l'arrosage, ont coûté de 4 à 600 francs par hectare, desquels le conseil a payé 250 : la dépense pour la filtration sommaire est à peu près compensée par la vente des dépôts, qui atteint 1f,90 la charretée. Pour avoir la valeur de l'eau, il faudrait déduire du revenu brut, ou de 2.000 francs environ : 1° la valeur locative de la terre avant l'arrosage ou 250 francs ; 2° l'intérêt et l'amortissement des frais de préparation du sol, soit 50 francs ; 3° les frais de culture, qui ne sont pas exactement connus mais qui ne doivent pas dépasser 300 francs ; 4° la dépense du réensemencement répartie sur trois ans, ou 330 francs environ. Il resterait ainsi 1.070 francs pour les 7.500 mètres cubes, ce qui porterait la valeur du mètre cube à 14 centimes. Ce chiffre élevé ne doit pas surprendre, par la raison que la dose à l'hectare est ici très-modérée et susceptible conséquemment de donner le maximum de bénéfice. Il serait même encore plus fort si la distribution d'eau alimentaire n'atteignait pas le chiffre considérable de près de 200 litres par tête.

La commission d'enquête de 1866-1867 cite des preuves non équivoques de la supériorité du procédé. « Aussi long« temps, dit-elle, que le conseil de salubrité de Croydon a « eu recours à des procédés chimiques pour purifier les « eaux d'égout, il a été en butte à des procès continuels à « raison de la corruption des eaux. Il s'est mis alors à « appliquer la méthode des irrigations à Beddington, et « les eaux qui sortaient des champs arrosés tombaient « dans la Wandle. M. Gurney, n'ayant pas assez d'eau à

« son usine, demanda au conseil de lui laisser conduire « l'eau qui s'écoulait des champs arrosés dans la Wandle, « à un point au-dessus de l'usine; et en ayant obtenu la « permission, il établit à ses frais un canal d'une longueur « considérable, par lequel toute l'eau est maintenant « amenée à travers ses terres le long d'un chemin à voi- « tures, et rejoint la rivière dans son parcours sur la pro- « priété. Il ressort du témoignage et de M. Gurney et de « son agent M. Reynolds qui réside sur le domaine, tout « près de l'embouchure de Beddington, qu'il y a encore « accidentellement quelques sujets de plainte sur l'état de « l'eau d'arrosage qui vient quelquefois des champs soit « trouble, soit assez imparfaitement purifiée pour souiller à « la fois la rivière Wandle et l'atmosphère dans le voisi- « nage. Ces faits, quand ils se produisent, comportent, « nous nous en sommes assurés, une explication. Quand « l'eau est trouble (mais sans être chargée de matières « d'égout), cela tient probablement, comme le suggère « M. Gurney, à ce que le bétail qu'on envoie pâturer sur « les terres arrosées (lequel est très-nombreux par rapport « à la superficie), a foulé le sol et l'a souillé avec ses excré- « ments. Quand au contraire l'eau de sortie manifeste à la « fois à la vue et à l'odorat des signes incontestables de la « présence des matières d'égout, c'est que celles-ci n'ont « pas été répandues sur une assez grande étendue de ter- « rain. L'odeur a été reconnue la plus forte le dimanche « soir, probablement parce que ce jour-là on néglige de « faire tout le nécessaire pour distribuer convenablement « l'eau d'égout (*).

« M. Reynolds dit expressément que le vice est seule- « ment accidentel; que d'autres fois l'eau arrive aussi pure

(*) Cela ne paraîtra pas surprenant à quiconque connaît la manière scrupuleuse dont le repos du dimanche est observé en Angleterre.

« qu'il peut le désirer, pure comme l'eau de la rivière; « qu'il n'aperçoit pas d'inconvénient dans l'irrigation avec « les liquides d'égout quand elle est bien conduite; qu'il « croit au contraire que c'est là un grand principe et qu'il « pense que ce serait bien dommage que ce principe fut « mis en question par suite de la négligence de ceux qui « l'appliquent. Si à un moment quelconque M. Gurney « trouvait l'eau défectueuse, il n'aurait qu'à fermer son « canal et à laisser cette eau hors de chez lui. Mais il ne « l'a pas encore fait (*). »

A Rugby, l'eau d'égout est appliquée à la terre depuis

(*) Ces faits n'ont pas été moins favorablement appréciés par les délégués du gouvernement belge. Voici en effet ce qu'on lit dans leur rapport du 20 février 1866 :

« Les soussignés se sont rendus d'abord à Blind Corner (Croy- « don), où ils ont vu les eaux d'égout sortir d'un collecteur, passer « de là à travers un filtre disposé de manière à retenir d'abord « les matières solides plus légères que l'eau, et ensuite les ma- « tières solides plus pesantes; de sorte qu'après avoir traversé ce « filtre, l'eau est entièrement liquide, quoique légèrement trouble.

« Au sortir de ce filtre, cette eau est dirigée, par des canaux à « ciel ouvert, sur une grande prairie dont elle irrigue successive- « ment les diverses parties. Elle est ensuite rassemblée dans un « canal qui la dirige vers un cours d'eau.

« En parcourant la prairie dans tous les sens, les soussignés « n'ont senti aucune odeur; ils ont été frappés du développement « et du degré de vigueur de l'herbe, dont une partie venait d'être « fauchée et dont l'autre présentait l'aspect d'un fort regain, ainsi « que de la limpidité de l'eau sortant des canaux. Ils ont con- « staté que celle-ci n'avait ni odeur ni saveur rappelant son ori- « gine.

« Enfin ils ont pu remarquer que le système employé ne présente « aucun inconvénient pour le voisinage, et qu'il ne laisse rien à « désirer au point de vue de l'épuration des eaux.

« Leur attention s'est portée ensuite sur les matières solides re- « tenues par le filtre. Ces matières, rassemblées en tas, n'avaient « aucune odeur; elles se vendent au prix de 3 sh. (3f,75) le tombe- « reau.

« Les soussignés ont pris deux échantillons d'eau, l'un de l'eau « au sortir de l'égout collecteur, l'autre au sortir du canal qui la « reçoit après l'irrigation; ils ont également emporté un échan-

quinze ans. La population est de 8.000 âmes, et la totalité des déjections de la ville est amenée, par un conduit de 45 centimètres de diamètre, à des pompes à feu, à l'ouest du North Western Railway, où, après une filtration sommaire à travers des claies en osier, elle est élevée à une hauteur de 8 à 9 mètres pour être distribuée sur les terres.

Les opinions différant beaucoup sur le mérite des opérations conduites à Rugby, il importe de donner quelques détails. La surface totale consacrée à l'irrigation est d'environ 180 hectares, dont 160 appartiennent à M. Walker et

---

« tillon des produits solides retenus par le filtre. Ces matières se« ront soumises à l'analyse chimique.

« Il nous a été assuré par l'ingénieur des travaux que la prairie « irriguée donne annuellement six récoltes de bonne qualité, et « que le revenu moyen, qui était de 25 shillings par acre (80 francs environ par hectare), a dépassé 40 livres (2.500 francs par hec« tare).

« La superficie de la prairie irriguée est de 37 acres (près de « 15 hectares); elle reçoit les eaux d'égout d'une population de « 8.000 habitants environ.

« Les soussignés se sont ensuite rendus à Beddington, sous-dis« trict South Wandsworth, division Croydon, où l'on pratique l'ir« rigation d'une grande surface, sans filtration préalable des eaux « d'égout. C'est dans cette localité que les délégués de la commis« sion des Trois Pouvoirs ont trouvé installé, en 1862, le mode « d'épuration qui a fonctionné depuis cette époque sans interrup« tion.

« La végétation de la partie irriguée est forte et vigoureuse, et « l'eau qui s'en échappe est parfaitement inodore, incolore et sans « saveur spéciale. . . . .

. . . .

« Le résultat de l'épuration des eaux d'égout, telle qu'elle se « pratique à Beddington, ne laisse rien à désirer; il est seulement « regrettable que la terre irriguée ne soit pas mieux aménagée, « afin d'éviter les émanations désagréables, mais très-limitées, que « laissent dégager certaines parties où les eaux ont déposé une « couche de matières solides qui se putréfient.

« L'un des soussignés avait constaté l'état de limpidité et de pu« reté des eaux s'échappant de la prairie irriguée, lors de la visite « des délégués de la commission des Trois Pouvoirs faite au mois de « septembre 1862, de sorte que la durée de l'expérience démontre « la constance du résultat... »

ont été affermées par M. Campbell, et dont 6 ont été le champ des célèbres expériences de M. Lawes, pour le compte de la commission royale, desquelles nous avons souvent parlé. La qualité et le niveau du sol varient beaucoup : la surface est généralement formée d'une argile compacte, passant parfois au sable, avec sous-sol argileux ; certaines portions sont très-peu au-dessus du niveau des rigoles dans lesquelles elles s'égouttent, d'autres sont au moins à 9 mètres plus haut. On doit naturellement s'attendre à ce que les résultats obtenus varient un peu. Le tout est disposé en gazon, ou, pour parler plus exactement, l'eau d'égout a été appliquée à de vieux pâturages, sans autres travaux préparatoires qu'une série de petites rigoles et de fossés qui reçoivent l'eau de la conduite de décharge et la distribuent par gravitation sur la surface. Naguère la distribution s'effectuait à la lance, mais M. Walker l'a abandonnée comme trop coûteuse et comme restreignant sans nécessité l'écoulement de l'eau.

La différence entre les terres arrosées et celles qui ne le sont pas saute aux yeux ; en outre, les premières diffèrent entre elles notablement par suite de l'inégale répartition de l'eau d'égout, selon que la terre a été disposée en plans inclinés ou qu'elle n'a reçu aucune préparation spéciale.

M. Walker n'a pas le moyen de mesurer exactement la quantité d'eau donnée à la terre, mais il l'estime entre 1.250 et 2.500 mètres cubes à l'hectare, dans l'année, en cinq ou six arrosages. Il paye pour cela 1.250 francs par an en totalité au conseil local.

Le comité du conseil métropolitain n'a pu obtenir exactement, dans sa visite, ni du propriétaire ni du fermier, le chiffre du rendement à l'hectare, sous forme, soit de coupe verte, soit de foin, soit d'herbe mangée sur place, les trois modes ayant été concurremment employés; mais on lui a assuré que l'hectare qui précédemment ne pouvait être loué que 110 francs par an, pourrait l'être aujourd'hui à 220 fr.

au moins, en sorte que la valeur aurait doublé. De plus, le propriétaire est convaincu que ni la disposition du terrain, ni le mode d'emploi de l'eau, ni l'espèce de gazon ne sont tout ce qu'on pourrait souhaiter. Mais ce qui est surtout défavorable, au point de vue du profit agricole, c'est l'étendue de la surface, qui est bien le quadruple de ce qu'elle devrait être. Néanmoins, même dans des conditions si peu propices, l'eau d'égout prendrait une valeur d'environ 6 centimes, puisque le bénéfice afférent à son emploi, soit 110 francs par hectare, se diviserait entre 18 ou 1.900 mèmètres cubes représentant la dose moyenne.

Les irrigations de Carlisle offrent un intérêt particulier, en ce qu'on a tenté d'y prévenir les mauvaises odeurs par l'addition d'un agent chimique. La population totale de la ville est de 30.000 âmes. Pour 8.000 environ, les déjections se perdent à l'Eden par un conduit séparé, qui passe sous l'une des prairies occupées par l'entrepreneur, M. Mac Dougall. Pour les 22.000 autres, les eaux sont amenées par un aqueduc à un appareil à vapeur de cinq chevaux, qui les remonte à 3 mètres ou 3m,50 de haut, après qu'elles ont été désinfectées par l'adjonction d'acide phénique ou fluide désinfectant du même M. Mac Dougall, dans la proportion de 55 litres pour 2.270 mètres cubes environ de liquide par jour, ce qui entraîne une dépense de 625 francs par an. L'eau ainsi traitée est versée par les pompes dans un fossé découvert, parallèle à la rivière Caldew, et elle est distribuée à la terre au moyen d'auges mobiles en fonte. Originairement, la distribution s'effectuait par des rigoles tracées dans le sol, mais elles étaient comblées par les inondations, qui sont très-fréquentes en cet endroit, ou foulées par les bestiaux, de sorte que la dépense à faire pour les maintenir en état était plus grande que celle des auges. M. Mac Dougall afferme du duc de Devonshire 42 hectares, mais il n'en arrose que 28 situés entre le canal Calédonien et les rivières Caldew et Eden.

Tout le sol est sableux et très-poreux, laissant filtrer l'eau librement, et il est disposé en pâturage ordinaire. Les prairies ne paraissent pas avoir reçu de gazon artificiel, et elles sont entièrement broutées par le bétail. Aucune partie du fourrage n'est coupée et exportée; conséquemment le résultat net est difficile à connaître. Chaque portion est irriguée quatre fois par an; la dose à l'hectare ne paraît pas très-exactement fixée, mais en admettant un débit moyen de 2.000 mètres cubes par jour, ce serait une dose d'environ 25.000 mètres cubes par hectare et par an. La surface totale est, avons-nous dit, de 42 hectares, dont 28 arrosés et 14 non arrosés. Elle porte habituellement 600 moutons et de 90 à 120 têtes de gros bétail, pour lesquelles les nourrisseurs payent une redevance hebdomadaire de 4f,40 à 5 francs par tête de gros bétail, et de 0f,65 par mouton, ce qui représente un revenu brut d'environ 45.000 francs par an, duquel il faudrait déduire les frais de culture, qui sont peu élevés, ainsi que le prix d'affermage. Une autre preuve de l'accroissement de valeur dû à l'eau d'égout, c'est ce fait que M. Mac Dougall a pu, en 1864, sous-louer le tout à M. Hetherington, boucher de Carlisle, au prix de 20.000 francs par année.

Carlisle est la seule ville, à notre connaissance, où l'on ait essayé d'empêcher la putréfaction de l'eau d'égout employée à l'arrosage. Dans les autres localités, c'est l'application même au sol qui réalise la désinfection.

A Carlisle, le pâturage est beau et de bonne qualité, peut-être meilleur que partout ailleurs : on pourrait l'attribuer à ce que le bétail est gardé dessus, mais on donne pour raison que l'acide phénique prévient la décomposition, de sorte que l'azote contenu dans le liquide ne se combinerait pas avec l'hydrogène ou avec l'acide carbonique pour former de l'ammoniaque libre ou du carbonate d'ammoniaque (deux composés qu'on accuse de stimuler les grosses herbes, lesquelles, par leur rapide développement, étouffent les espèces plus fines et moins robustes), mais cet azote serait fourni aux racines des plantes dans l'état même où il se trouve originairement dans l'eau d'égout, et ne serait libéré qu'en tant que de besoin, au fur et à mesure qu'il serait réclamé par la végétation. On a fait valoir aussi aux délégués du conseil métropolitain qu'un autre effet de l'acide phénique était de détruire les insectes parasites, mais les délégués se sont abstenus d'exprimer aucune opinion sur ce point, comme sur le précédent, désirant, ont-ils dit, rapporter simplement ce qu'ils avaient vu et entendu.

Quant à nous, nous sommes disposé à croire que les avantages résultant de l'emploi de l'acide phénique sont à peu près illusoires, et que cette pratique serait sans doute abandonnée si elle n'était pas exercée par l'inventeur même du désinfectant.

Des irrigations sont également installées dans quelques autres localités, Worthing, Norwood, Malvern, Tavistock, et partout où l'opération est sagement conduite, on constate que les résultats sanitaires sont excellents : « A « Worthing, disent les commissaires de 1866-1867, nous « avons trouvé le système qui fonctionne depuis un an, « irréprochable. Pas un seul cas de maladie n'a été attri- « bué à l'arrosage. » — « En ce qui concerne Norwood, di- « sent-ils plus loin, aucune plainte n'a été formulée par les « personnes qui représentent ce district dans le conseil de « salubrité de Croydon. » A Malvern, le concessionnaire des eaux, M. Mac Cann, s'est engagé, en retour du don gratuit que lui en fait la ville, à les désinfecter complétement par l'arrosage. Il les répand sur 20 hectares de prairies, et la municipalité se déclare très-satisfaite de l'exécution du contrat.

Nous ne terminerons pas ce paragraphe sans faire connaître les applications que cette méthode féconde est en voie de recevoir dans les plus modestes bourgades ou même dans de simples habitations. « Il n'y a pas de raison, « avaient dit les commissaires de 1866, pour que tout li-« quide d'égout, soit des villes ou des villages, soit des « maisons isolées, ne soit pas appliqué aux terres, au lieu « d'être écoulé directement dans les cours d'eau. » En confirmation de ce précepte, déjà plusieurs entreprises de ce genre se font remarquer en Angleterre. A la prison de Statford, à l'asile des aliénés de Broadmoor et dans d'autres établissements similaires, on utilise aujourd'hui sur les champs les liquides provenant des bains, de la cuisine, des waters-closets, etc. A Broadmoor notamment, le système a été installé dans d'excellentes conditions, par les soins de M. Menzie, intendant de la forêt de Windsor. Le nombre des habitants de l'asile est de 600. Il s'agissait naturellement de proportionner les frais d'installation au peu d'importance d'une telle population. M. Menzie a donc introduit dans la méthode des grandes villes quelques modifications en harmonie avec les circonstances particulières dans lesquelles il se trouvait. Les deux principales de ces modifications ont consisté à isoler complétement les liquides impurs d'avec les eaux pluviales ou d'arrosage fournies par les toits, allées, cours, jardins, etc., et à séparer mécaniquement, sans intervention d'agent chimique, les matières solides en suspension. De la sorte, on a pu réduire la canalisation au dernier degré de simplicité. Les conduites imperméables qui desservent les habitations et amènent les eaux impures au bassin de dépôt, sont formées par des tuyaux en poterie vernissés, assemblés hermétiquement. Quant aux conduites d'arrosage ou de distribution, ce sont simplement des tuyaux de drainage ordinaires, posés à la surface, et à travers les joints desquels l'eau s'épanche sur les champs. On n'a pas fait le compte exact de la dépense, mais elle est peu élevée, et au dire des administrateurs, fort au-dessous du bénéfice qu'elle procure. Près de 8 hectares de terrains graveleux sont ainsi arrosés et portent jusqu'à cinq coupes de ray-grass; on y cultive aussi avec avantage divers légumes. Quant aux matières solides, séparées dans le bassin de dépôt, elles sont retirées huit à dix fois par an ; on les mélange avec des cendres et de la chaux provenant des épurateurs à gaz, et on forme ainsi un engrais auquel on attribue la même valeur qu'au fumier de ferme (*).

Irrigations de Londres. — Le plan d'irrigations de Londres tranche sur les précédentes entreprises à un double

(*) Les dérogations au type urbain introduites par M. Menzie dans l'installation de Broadmoor s'expliquent aisément. D'une part, dans des établissements de ce genre, comme dans les habitations privées, il est visible que le rapport des surfaces découvertes aux surfaces bâties est infiniment plus grand que dans les villes; dès lors, si l'on voulait convoyer ensemble les eaux des unes et des autres surfaces, on serait amené à donner aux conduites étanches des sections considérables, tandis qu'on peut les réduire à un très-petit diamètre en éliminant les eaux pluviales, lesquelles, de leur côté, se contentent d'évacuateurs du type le plus simple et le plus économique. D'ailleurs, le liquide fertilisant se trouverait souvent beaucoup trop étendu et perdrait alors de sa valeur; de plus on serait obligé, l'hiver surtout, de surveiller pendant la nuit l'irrigation, tandis que, moyennant cette séparation, on n'a pas à s'en occuper, vu que la source d'engrais est à ce moment à peu près tarie. D'autre part, la précipitation des matières solides en suspension est justifiée par la nécessité où l'on est le plus souvent de conduire l'arrosage autour de l'habitation et dans des lieux qui servent à la promenade. Or la putréfaction de ces matières sur le sol développerait toujours quelques odeurs désagréables. Cet inconvénient est loin d'avoir la même importance dans les irrigations urbaines, car on choisit des emplacements éloignés de toute agglomération, et qui ne sont destinés, en aucun cas, à l'agrément. Un autre avantage de la séparation des solides, au point de vue des frais d'installation, c'est de permettre la distribution avec des drains simplement assemblés bout à bout et de supprimer toute espèce d'agencement pour dériver les liquides sur le sol. Les interstices des joints suffisent pour ce dernier objet, tandis que si les eaux charriaient des matières pâteuses ou des sables, ces joints ne tarderaient pas à s'obstruer. Ces considérations et quelques autres du même genre, qui ne se présentent évidemment pas dans les irrigations urbaines, peuvent commander de semblables modifications, quand on veut appliquer le système à de petits groupes d'habitations.

point de vue : 1° La quantité de liquide à employer est infiniment plus considérable, quarante à cinquante fois aussi grande que la plus importante de celles dont nous nous sommes occupé jusqu'ici ; 2° le liquide ne sera pas consommé exclusivement par l'entrepreneur lui-même, mais il est destiné à être en partie vendu au public, à raison de tant le mètre cube. C'est le premier exemple que nous rencontrons d'une eau d'égout prenant une valeur de marché et devenant l'objet d'un tarif.

Cette entreprise a été suggérée principalement par l'intérêt agricole ; car les grands travaux de drainage du conseil métropolitain, bien qu'ayant laissé subsister le déversement des liquides dans la Tamise, avaient mis la salubrité à peu près hors de cause. Mais l'opinion publique s'est émue à bon droit de la déperdition d'une si énorme source d'engrais, dont la valeur commerciale est estimée de 30 à 40 millions de francs par an. De là sont sortis de nombreux projets pour utiliser les eaux d'égout tant de la rive nord que de la rive sud. Parmi ces projets, celui de MM. Hope et Napier, relatif à la rive nord, après une longue et savante discussion, a obtenu la préférence, et un acte du parlement, en date du 19 juin 1865 (*), en a confié l'exécution à la ***Metropolis sewage and Essex reclamation Company*** ou ***Compagnie métropolitaine***, qui s'est constituée dans ce but.

Le plan de la compagnie consiste essentiellement à intercepter les eaux d'égout de la rive nord, à l'extrémité de

(*) Cet acte a été rendu, sur les conclusions conformes du conseil métropolitain et d'un comité d'enquête pris dans le sein de la chambre des communes. Le rapport du comité, en date du 30 mars 1865, concluait en ces termes : « Votre comité est d'avis que le « projet qui lui a été soumis (celui de MM. Hope et Napier), con- « stitue un mode avantageux et profitable d'employer l'eau d'égout « de la partie nord de la métropole, et il n'a pas de raison de pen- « ser qu'aucun autre projet plus avantageux ou plus profitable « puisse être conçu. »

l'émissaire, à Barking-Creek, et à les dériver dans un grand aqueduc de 70 kilomètres de long, qui aboutira aux côtes de la mer du Nord, au-dessus de l'embouchure de la Tamise. Le volume des eaux, fournies par une population de 2 millions et demi d'âmes, s'élève à près de 300.000 mètres cubes par jour ou à 100 millions de mètres cubes environ par an, non compris les jours de grosses pluies (*). Elles sont concédées gratuitement, sous la réserve que le conseil métropolitain entrera en partage du bénéfice au delà d'un revenu net de 5 pour 100 des capitaux engagés. Elles seront distribuées, autant que possible, aux propriétés situées sur le parcours de l'aqueduc et qui consentiront à les acheter; le surplus sera déversé sur des sables aujourd'hui incultes, concédés par l'état à la compagnie et que celle-ci devra reprendre sur la mer du Nord, à l'aide d'un immense endiguement. La superficie des propriétés privées, susceptibles d'être desservies par gravitation, dépasse 40.000 hectares; celle des sables à endiguer atteindra, si besoin est, le chiffre de 8.000 hectares. La compagnie est constituée au capital de 52.500.000 francs pouvant être porté, par des émissions ultérieures, à 100 millions, dont 75 millions en actions et 25 millions en obligations; le capital a été souscrit en 1865 ou du moins l'annonce en a été faite. Les travaux ont été commencés dès les premiers mois de l'année suivante; ils devraient, aux termes du cahier des charges, être terminés dans le délai de dix ans à partir de l'acte de concession, soit le 19 juin 1875, pour ce qui concerne l'aqueduc et ses dépendances, et dans le délai de quatorze ans, soit le 19 juin 1879, pour ce qui concerne l'endiguement des sables littoraux. Un coup d'œil sur ces travaux n'est pas dépourvu d'intérêt (**).

(*) La compagnie parle même de porter le chiffre à 120 millions en utilisant, le cas échéant, les jours de pluies, les premières eaux qui ont toujours une certaine richesse.

(**) Les plans sont dus à deux ingénieurs en renom, MM. Bateman et Hemans. Ils sont exécutés, sous leur direction, par un

Le grand aqueduc de dérivation est construit sur le modèle de l'émissaire de la ville. Il est de forme circulaire, au diamètre de 3 mètres, et repose sur une solide base en béton. Il s'embranche sur les ouvrages de la ville en deux endroits : 1° sur l'émissaire même, de façon à prendre les eaux immédiatement avant leur entrée dans le réservoir et à un niveau de $0^m,45$ au-dessous de la haute mer; 2° sur un bassin de sortie nommé *le spécial*, à un niveau de $4^m,95$ au-dessous du précédent, ou de $5^m,40$ au-dessous de la haute mer; cette dernière prise est ménagée en vue des averses. En temps ordinaire, la première seule fonctionnera et détournera la totalité des liquides; mais lorsque les égouts charrieront des torrents d'eaux pluviales, on la fermera pour laisser le flot s'écouler à la Tamise, et l'on recueillera alors, par la prise inférieure, l'eau d'égout que contiendra le réservoir. L'aqueduc se dirigera de l'ouest à l'est, à peu près parallèlement à la Tamise, et aboutira à la mer, au sud des bouches du Crouch, après un parcours, avons-nous dit, d'environ 70 kilomètres. Vers le quarantième kilomètre, une branche d'une trentaine de kilomètres, projetée pour un avenir encore lointain, se détacherait vers le nord-est, traverserait le Crouch, et se jetterait à la mer au-dessus de cette rivière. L'exécution de cette branche, qui aurait pour but, comme la ligne principale, d'arroser des terres en culture et de conquérir une nouvelle aire de sables sur la mer, est naturellement subordonnée au développement que prendront les irrigations.

Dans le tracé du canal, on n'a pas eu seulement à s'occuper d'amener les eaux aux sables du littoral dans les meilleures conditions possibles; mais il fallait aussi que l'ar-

---

jeune et habile ingénieur, M. Tancred. Nous devons des remerciements particuliers à MM. Hemans et Tancred qui, non-seulement, nous ont fourni de nombreux renseignements, mais ont bien voulu nous faire visiter eux-mêmes les travaux. — Ces travaux subissent en ce moment un temps d'arrêt pour des motifs étrangers à la question technique (Note de Juillet 1869).

rosage des terrains situés sur le parcours pût se faire d'une manière économique. Dès lors, on était forcé de se maintenir à une certaine hauteur au-dessus du sol, sous peine d'entraver la vente des eaux par la nécessité d'une élévation mécanique chez chacun des futurs consommateurs. Or les concessionnaires ont compris, dès l'abord, que le seul moyen de populariser l'engrais, c'était de le délivrer sans frais accessoires ni embarras d'aucune sorte, par conséquent coulant librement à la surface du sol, ou même en pression pour ceux qui voudraient en user à la lance; en un mot, d'opérer, comme on dit, le service *par gravitation.* On ne devait d'ailleurs songer à desservir que les terres occupant un certain étage pour que l'écoulement s'y fît bien : sans quoi l'eau d'égout était destinée à y produire plus de mal que de bien. Enfin il fallait dans l'aqueduc une certaine inclinaison pour prévenir le dépôt des parties boueuses. D'après les expériences faites à l'occasion du drainage de Londres, et d'après les propres observations de MM. Bateman et Hemans, on s'est arrêté à la pente de 20 centimètres par kilomètre. En tenant compte de ces diverses circonstances, ainsi que de la nécessité d'arriver sur les sables à une certaine cote au-dessus de la basse-mer, afin d'assurer le desséchement, on a été conduit à élever artificiellement la dérivation de près de 20 mètres, c'est-à-dire à faire franchir aux eaux cette hauteur au moyen de machines à vapeur. La réussite pratique de ce procédé, après les œuvres du conseil métropolitain, ne pouvait être mise en doute; et, quant à la dépense, il était permis de prévoir qu'en ce qui concerne le pompage proprement dit, les frais ne dépasseraient pas 300.000 francs par an. On a donc décidé la création de deux stations de pompes, l'une à 5.600 mètres de Barking, devant faire franchir aux eaux un saut de 9 mètres, et l'autre à 6.400 mètres plus loin, devant leur faire franchir un saut de $10^{m},50$. L'aqueduc est, par conséquent, interrompu à chacun de ces deux points, et se poursuit, au delà, à un niveau plus élevé. Grâce à ces pompes, on calcule que la surface, à droite et à gauche du canal et de la branche du nord, susceptible d'être arrosée par gravitation, et cependant à un niveau assez élevé pour que l'asséchement en soit bien assuré, n'a pas moins de 42.000 hectares (*).

Le tracé en cours d'exécution montre l'aqueduc, sur la moitié environ de sa longueur, enterré dans le sol. Sur l'autre moitié, il domine plus ou moins le terrain et est alors renfermé dans un remblai semblable à ceux des chemins de fer et dont la hauteur moyenne est de 5 mètres. Sur quelques points, pour la traversée d'étroites vallées, cette hauteur s'élève jusqu'à 10 mètres. En deux endroits

(*) Au premier abord, cette surface paraît plus que suffisante pour recevoir le liquide qui lui est destiné ; car si l'on admet que les 100 millions de mètres cubes de la rive nord se partagent par moitié entre cette surface et les sables du littoral, le contingent par hectare ressortirait seulement à 1.200 mètres cubes, ce qui est évidemment très-faible. Mais il faut compter que les propriétés qui feront usage du nouvel engrais ne s'arroseront pas en totalité, loin de là : une partie seulement des terrains, celle affectée plus spécialement à certains herbages, consommera l'eau d'égout; le reste continuera probablement à être cultivé comme par le passé. Pour se placer dans les conditions de la réalité, il faut donc prévoir une zone d'arrosage beaucoup plus vaste que celle qui suffirait théoriquement. A ce point de vue, le chiffre de 42.000 hectares pourra même être trop faible. Mais il serait facile, si besoin était, de l'augmenter plus tard au moyen de branches supplémentaires et de nouvelles stations de pompes. M. Hemans estime qu'en poussant, par exemple, un aqueduc vers le faîte qui sépare la vallée du Crouch de celle de la Tamise, on gagnerait aisément 20.000 hectares. Il paraît acquis, en tout cas, qu'en élevant les eaux à une douzaine de mètres au-dessus du niveau actuellement prévu, on porterait la surface à 80.000 hectares. Il se pourrait même qu'on fût conduit à l'accroître au delà de ces limites, si un jour la compagnie venait à vendre, sur le parcours de l'acqueduc, la presque totalité de l'engrais. Ce serait alors 150.000 hectares qu'il faudrait peut-être trouver. Mais la configuration du pays le permet ; il suffirait de s'étendre vers Chelmsford, à la cote de 50 ou 60 mètres. Pour le moment on s'en tient au chiffre déjà considérable de 42.000 hectares, et on laisse à l'avenir le soin d'élargir le cadre.

le remblai est remplacé par des arches en maçonnerie. Diverses routes sont franchies à l'aide de tuyaux en fonte, et la branche projetée au delà du Crouch devra, quand le moment sera venu, passer en syphon sous la rivière afin de ne pas intercepter la navigation. Il est à peine besoin d'ajouter que des passages, en dessus ou en dessous de l'aqueduc, sont prévus pour les besoins de la propriété privée ou pour les chemins publics. Tous les 200 mètres, une sorte de trou d'homme est ménagé dans la couronne de l'aqueduc ; ce trou est fermé par une plaque en fonte mobile et sert à la prise de l'engrais. Dans les portions où l'aqueduc domine le sol, c'est-à-dire pour les 42.000 hectares dont nous avons parlé, il suffira d'introduire dans le trou l'embouchure d'un siphon disposé *ad hoc* par la compagnie, et l'eau d'égout coulera librement à la surface. Dans les autres portions, où le sol est au contraire plus élevé que l'aqueduc, le cultivateur qui voudrait avoir aussi l'engrais ajusterait le tuyau de la pompe locomobile qui commence à se populariser dans les fermes anglaises, et aspirerait ainsi le liquide. Mais il ne faut pas se faire illusion : cette dernière pratique sera exceptionnelle ; aussi les concessionnaires ne comptent-ils réellement, pour la vente en grand, que sur la première.

Pour mener à bien son entreprise, la compagnie a reçu de la loi de grands pouvoirs. Elle jouit notamment de deux prérogatives importantes : l'une, de mener à travers la propriété privée le grand canal de dérivation et sa branche du nord, c'est-à-dire d'exproprier pour cause d'utilité publique les terrains nécessaires à l'établissement et à la conservation de ses ouvrages ; l'autre, qui consiste à pratiquer sous les chemins publics des conduites latérales destinées à apporter l'eau d'égout aux propriétés situées dans la zone irrigable et dépourvues de communication directe avec l'aqueduc. Cette dernière disposition a été jugée suffisante pour assurer les libres allures de la compagnie (*). Ainsi, elle desservira la propriété privée de deux façons : 1° par des conduites directes, à travers champs, chez les fermiers qui confinent immédiatement à son aqueduc ou qui se seront fait autoriser par ceux qui les en séparent ; 2° par des lignes plus ou moins détournées, empruntant les chemins publics depuis leur rencontre avec l'aqueduc jusqu'au point où ils atteindront la propriété qui réclame l'arrosage. L'un ou l'autre de ces moyens, selon le cas, permettra de faire face à tous les besoins.

L'aqueduc principal et son embranchement, à leur arrivée sur la mer du Nord, rencontrent de vastes formations de sables, de plusieurs kilomètres de largeur, lesquelles s'étendent en longueur depuis l'embouchure de la Tamise jusqu'au Blackwater, c'est-à-dire sur près de 30 kilomètres. Ces formations peuvent être partagées en deux groupes : l'un, le plus important, compris entre la Tamise et le Crouch, et connu sous le nom de Maphin-Sands ou de Foulness-Sands ; l'autre, entre le Crouch et le Blackwater, appelé Dengie-Flat. L'aqueduc aboutit au centre du premier groupe, et sa branche du nord au centre du second. Ce sont là les sables qu'il s'agit, dans une certaine étendue, de conquérir sur la mer. Les projets présentés par la compagnie ont en vue l'endiguement de 8.000 hectares environ à Maplin et de 5.000 hectares à Dengie, avec un développement total de digues de 40 kilomètres. L'exécution de la branche nord étant ajournée, il en sera naturellement de même du travail de Dengie, et quant à Maplin, on se bornera pour

(*) Dans l'enquête de 1865, la question a été posée de savoir s'il conviendrait de conférer aussi à la compagnie l'énorme privilége de faire passer les conduites latérales dans la propriété privée ; mais les représentants de la compagnie ont répondu, avec autant de bon sens que de modération, « que toute ferme devant être touchée en quelque point par un chemin public, on pourrait toujours, à la rigueur, y arriver par là, et que, demander à la loi davantage, ce serait courir le risque de tout compromettre devant le Parlement. »

commencer à enclore près de 3.000 hectares. Cette surface est actuellement couverte en entier par la haute mer; son niveau moyen au-dessus de la basse mer est de 4 mètres, les parties les plus basses sont à $1^{m},80$ seulement. Elle forme, dans son ensemble, un plan incliné assez uniformément vers la mer et dont la pente moyenne est de $0^{m},65$ par kilomètre. La hauteur moyenne de la digue, de la base au sommet, sera de $5^{m},50$ et atteindra au maximum 8 mètres; la crête dépassera de $1^{m},75$ le niveau des hautes marées et mettra ainsi les terrains à l'abri des vagues. La grande étendue de bancs de sable, qui règne en avant de la future enceinte, servira naturellement à la protéger contre la grosse mer et jouera le rôle de brise-lames (*).

Le territoire ainsi protégé sera soumis à une irrigation des plus actives. Les eaux d'égout, versées par l'aqueduc au niveau des parties les plus élevées, seront reçues dans des canaux et distribuées au sol par un réseau de rigoles découvertes. On compte donner 15 à 20.000 mètres cubes

(*) Des travaux de même genre, exécutés sur plusieurs points de l'Angleterre, notamment dans la baie de Morecambe, sur la côte ouest du Lancashire, et dans la baie de Malahide, pour la traversée du chemin de fer de Dublin à Drogheda, montrent suffisamment la marche à suivre en cette circonstance. M. Hemans, qui a exécuté les remblais de Malahide, appliquera la même méthode à Maplin, en l'accommodant, bien entendu, à la destination différente des terrains. Son mode d'opérer sera le suivant : la digue sera formée de sable obtenu, partie en creusant le fossé de ceinture, de 8 mètres de large et de 30 à 40 centimètres de profondeur, qui doit régner à l'intérieur de l'enceinte, et partie aux bancs qui s'étendent du côté de la mer. Le sable sera simplement accumulé jusqu'à la hauteur voulue, en laissant les talus prendre leur pente naturelle. La face extérieure recevra un revêtement d'argile pilonnée de 50 centimètres d'épaisseur, sur laquelle on étendra une couche de chaux. La portion située au-dessus de la mer, ainsi que le couronnement, seront soigneusement gazonnés. Sur la face intérieure, on se contentera de tasser les matériaux aussi bien que possible. La largeur de la digue, au sommet, sera de $1^{m},25$; la largeur à la base, variera, naturellement, selon la profondeur : on estime qu'elle sera moyennement de 24 mètres.

à l'hectare et au besoin pousser à 30.000. Bien entendu, on ne prétend pas que ce soit la meilleure manière d'utiliser l'engrais; mais pour toute la portion non vendue sur le parcours, la compagnie, plutôt que de la laisser couler en pure perte à la mer, aura un intérêt évident à en user dans la plus large proportion possible : car nous avons vu que jusque vers 25.000 mètres cubes à l'hectare, pourvu que l'écoulement soit bien assuré, toute quantité ajoutée en supplément à une dose, donne par rapport à cette dose un accroissement de produit brut, et par suite de produit net, si la valeur du liquide est d'ailleurs comptée pour rien, comme c'est précisément le cas pour la portion qui reste aux mains de la compagnie. Mais à raison de 20.000 mètres cubes par hectare, la compagnie absorberait, sur 3.000 hectares, 60 millions de mètres cubes, soit les trois cinquièmes de son approvisionnement annuel, et, en étendant l'endiguement à 5.000 hectares seulement, elle l'absorberait en totalité, sans dépasser une dose qui, sur des sables purs, ne cesse pas d'être fructueuse. On voit donc que le projet de la compagnie suffit actuellement pour faire face au plus pressé, c'est-à-dire pour faire passer à travers les prairies le flot quotidien que lui enverra incessamment la ville. Mais on doit souhaiter que les choses se passent autrement, et qu'au lieu de jeter de grandes masses de liquides sur quelques milliers d'hectares, la surface d'irrigation s'étende au contraire beaucoup, par suite d'un emploi de plus en plus général sur le parcours. De la sorte, la consommation moyenne par hectare sera considérablement abaissée, et tout le monde y gagnera, la compagnie, aussi bien que le public.

Les terrains endigués étant situés au-dessous du niveau de la haute mer, l'eau d'arrosage ne pourra s'en écouler d'une manière continue; mais elle devra être retenue jusqu'au moment où la marée descendante en permettra la sortie, à moins qu'on ne préfère l'épuiser à l'aide de machines à vapeur. Cette seconde solution serait moins coûteuse qu'on ne serait tenté de le croire au premier abord. Si l'on suppose, en effet, que la moitié des eaux seulement soient amenées sur les sables, et que l'épuisement artificiel s'exerce la moitié du temps, soit finalement sur 25 millions de mètres cubes, comme d'ailleurs la hauteur moyenne à racheter par les pompes ne serait guère que de 1 mètre, la dépense annuelle d'extraction ne s'élèverait qu'à quelques milliers de francs (*). Mais il n'est pas probable qu'on en vienne là : le fossé de ceinture suffira comme réservoir, en attendant les moments propices pour faire écouler. Car avec les dimensions qu'on projette de lui donner, ce fossé pourra contenir plus de 40.000 mètres cubes, c'est-à-dire le sixième environ de la production journalière de la rive nord de Londres; or, on ne sera jamais forcé de garder l'eau plus de quatre heures, en sorte que même si elle venait en totalité aux sables, le fossé suffirait encore pleinement à cette destination. A la marée descendante, les eaux trouveront leur issue à travers la digue, au moyen de bouches de décharge munies de clapets, ouvrant de dedans en dehors et restant fermés pendant toute la période du flux. Le même arrangement sera pris pour les cours d'eau naturels qui parcourent actuellement cette région : ils seront recueillis dans des canaux et s'écouleront seulement à la marée basse. Le territoire sera d'ailleurs complétement à l'abri des eaux de la mer; car aucune infiltration n'est possible à travers une digue constituée comme celle dont nous avons parlé (**).

(*) A quoi s'ajouteraient, bien entendu, l'intérêt et l'amortissement du capital engagé dans l'établissement des machines.

(**) « J'ai, dit M. Bateman, une grande habitude de la construction « des grands filtres pour clarifier l'eau destinée à l'alimentation des « villes, et si je faisais un filtre de cette sorte (comme la digue), « je ne pourrais pas faire passer une seule goutte d'eau à travers. « Les filtres artificiels sont formés de sable lavé, et après peu de « temps la surface s'obstrue, de sorte que le filtre ne fonctionne- « rait plus si on ne la grattait pour exposer une couche fraîche du

Le sol, formé de sable pur, offre une perméabilité parfaite, et régulièrement, deux fois par jour, il sera débarrassé de toutes les eaux d'arrosage ou autres qui le parcourent; il se trouvera donc dans les meilleures conditions possibles pour recevoir et évacuer de grandes quantités de liquides, sans que la culture ait jamais à souffrir d'un excès d'humidité. Toutefois, les deux premières années, on compte ne rien produire; le terrain sera encore trop imprégné d'eau de mer et de matières salines. On emploiera ce temps à le laver et à l'adoucir: les eaux de pluie et celles d'égout le traversant sans interruption, entraîneront peu à peu tous les éléments nuisibles. Mais dès la troisième année, on pourra obtenir une récolte.

L'irrigation sera conduite à la mode d'Édimbourg ou à la mode d'Espagne, et peut-être selon l'une et l'autre à la fois. Le choix entre les deux dépendra vraisemblablement de la quantité de liquide dont on devra disposer. Si l'on est assez pourvu pour n'avoir pas à y regarder, on adoptera la première méthode qui, comme on sait, consomme davantage, mais est d'une pratique plus simple; si, au contraire, on a intérêt à économiser l'eau, parce que les cultivateurs en auraient absorbé beaucoup sur le parcours de l'aqueduc, on emploiera la seconde méthode, qui exige plus de soins mais utilise beaucoup mieux.

Bien que la Compagnie ait expérimenté l'application de l'eau d'égout sur plusieurs sortes de cultures, elle n'a aucune hésitation pour préférer les prairies permanentes. Toutes ses combinaisons agricoles pivotent autour de cette idée. Le projet qui lui sourit le plus consisterait à ériger sur son domaine un grand nombre de fermes consacrées à la production du lait de vaches. Chacune de ces fermes se-

« sable le plus pur. Or, si nous voulions ici, de quelque manière, « faire filtrer l'eau à travers le sable, nous ne réussirions pas à en « obtenir une goutte, une fois que la digue sera construite. » (Enquête de 1865.)

rait pourvue d'une habitation et des bâtiments que comporte une laiterie. On s'efforcerait d'y attirer les laitiers de Londres par l'appât d'un loyer fixé tout d'abord à un chiffre bien moindre que celui qu'ils payent d'ordinaire à la ville. On compte aussi, pour les décider, sur la perspective d'un air pur et d'une demeure saine, deux choses auxquelles l'Anglais n'est jamais indifférent. La compagnie passerait avec eux des marchés et leur fournirait à bas prix le fourrage vert rendu à domicile (*). L'avantage serait si évident que la compagnie ne doute pas d'obtenir d'eux, avant l'achèvement des travaux, des engagements qui lui assurent la consommation sur place de toutes ses récoltes; « de telle « sorte, dit-elle, que pas un quintal ne sera exporté en na- « ture, mais que la totalité s'en ira exclusivement sous forme « de lait, de fromages et autres produits accessoires se rat- « tachant aux laiteries. »

L'éloignement de Londres n'est pas considéré par la compagnie comme un obstacle; elle compte avoir facilement raison de la concurrence des producteurs urbains et suburbains. Elle est, en effet, admirablement placée, pour les transports, par suite du voisinage du chemin de fer de South End qui vient aboutir à quelques kilomètres de son territoire, et auquel elle projette de se relier au moyen d'une voie ferrée spéciale. Le litre de lait, rendu à Londres, sera, de ce chef, grevé à peine de quelques centimes.

En résumé, la compagnie vendra aux cultivateurs la plus grande quantité d'eau possible, et elle utilisera le surplus sur son propre terrain. Il n'échappera à personne que c'est cette double opération menée de front et la facilité de faire venir l'une au secours de l'autre, qui fait le mérite du

(*) Elle parle de le leur vendre sur le pied de 20 à 22 francs la tonne, tandis qu'il leur coûte aujourd'hui à Londres, de 25 à 26 francs.

plan de MM. Napier et Hope. On se rappelle, en effet, à quel point varie la valeur des eaux d'égout, selon qu'on les distribue à la convenance de la culture ou d'après les exigences de la salubrité, et combien il importe de laisser l'acheteur libre de consommer l'engrais aux époques et dans les proportions qu'il lui plaît. Cette condition entraîne qu'on ait un exécutoire toujours ouvert pour écouler l'excédant; or tel est précisément l'office que remplira le domaine de Maplin : il recevra l'eau que n'achètera pas le public et permettra dès lors de faire varier à tout instant la vente au gré de la demande.

Les dépenses prévues pour réaliser cette grande entreprise sont considérables. Le projet actuellement en cours se solderait par une somme ronde de 60 millions, ainsi qu'il ressort d'un prospectus distribué récemment par la compagnie à ses actionnaires, et dans lequel la dépense était évaluée comme il suit :

	francs.
Ouvrages d'art de tous genres (aqueduc, endiguement, pompes, travaux préparatoires), suivant un premier forfait passé avec M. William Webster (*), grand entrepreneur de travaux publics.	46.336.200
Sommes payées, sous forme d'actions libérées, à MM. Napier et Hope, fondateurs, comme reconnaissance d'apports et remboursements de frais d'études préliminaires et autres.	1.250.000
Intérêt à 5 pour 100 des capitaux engagés, pendant la période de construction, achat des terrains, frais d'études, dépenses d'actes et d'administration. . . .	12.413.800
Total.	60.000.000

En regard de cette mise de fonds, voici quels sont les bénéfices que l'on compte réaliser.

La compagnie, dans son prospectus, porte à 18 millions

(*) M. Webster, avec qui la compagnie avait traité, est le même qui a construit, pour le compte du conseil métropolitain, près de la moitié des ouvrages du *main drainage* de Londres.

(720.000 livres sterling) le chiffre de la recette brute annuelle. Elle n'en donne pas les motifs, mais il est visible que ce chiffre répond, dans sa pensée, à l'hypothèse d'une valeur de $0^f,15$, attribuée au mètre cube d'eau d'égout. En effet, dans le même prospectus, la compagnie fait connaître qu'elle compte dériver 120 millions de mètres cubes en totalité (avec le supplément fourni par les pluies, évalué à une vingtaine de millions de mètres cubes par an). Or, le chiffre de 120 millions multiplié par $0^f,15$, donne bien les 18 millions annoncés par la compagnie. Mais une telle estimation est doublement fautive, car elle implique : 1° que la totalité de l'eau disponible sera vendue au public, ou, du moins, qu'on peut attribuer à l'eau la même valeur que si on la vendait réellement; 2° que le prix courant de vente sera de $0^f,15$. Or, la quantité vendue au public sera bien inférieure au total disponible, surtout pendant les premières années de l'exploitation (la compagnie elle-même a prévu le cas, et elle a formulé dans les enquêtes l'hypothèse où elle n'en placerait que la moitié ou même le tiers), et quant aux eaux utilisées sur le domaine de la compagnie, elles seront loin d'avoir la même valeur commerciale que celles qui seront achetées par les cultivateurs (*). Le prix de $0^f,15$ le mètre cube est donc inadmissible pour la totalité; même pour la partie vendue, il est prudent de le réduire : car, bien qu'intrinsèquement il représente la valeur de l'eau consommée à la convenance de la culture, on ne doit pas cependant se flatter de l'obtenir toujours sur une grande échelle. Mettons donc le prix de l'eau vendue à $0^f,125$, moyenne entre $0^f,10$ et

(*) On doit, en effet, entre les eaux vendues au public et celles consommées par la compagnie, faire la même distinction qu'entre les irrigations conduites au point de vue de la culture et les irrigations conduites au point de vue de la salubrité; or nous avons vu l'énorme différence que cela apportait dans la valeur de l'engrais.

0f,15. Enfin ne raisonnons que sur un volume de 100 millions de mètres cubes, en négligeant le contingent des pluies.

Cela posé, pour apprécier la recette, il faut faire quelques conjectures, puisque la future répartition de l'eau est nécessairement inconnue. Supposons une vente d'un tiers, soit, sur 100 millions, une vente de 33 millions de mètres cubes. A raison de 0f,125, on aurait, de ce chef, une première recette brute de 4.125.000 francs. Quant à l'excédant du liquide, il n'a pas de valeur commerciale proprement dite, puisqu'il devra être consommé par la compagnie elle-même. Mais nous pouvons trouver indirectement quelque base d'évaluations. En effet, la compagnie, par l'organe de M. Hope, a émis la prétention de louer les sables arrosés de Maplin à raison de 1.560 francs l'hectare (25 livres par acre). Ce chiffre, quelque élevé qu'il soit, cessera cependant de paraître invraisemblable si l'on se rappelle ce que nous avons dit des Craigentinny meadows. Réduisons-le toutefois à 1.200 francs. On aurait, de ce deuxième chef, une recette annuelle de 3.600.000 francs.

La recette brute totale serait donc de 7.725.000 francs.

Quant aux dépenses d'exploitation, comprenant l'élévation des eaux, l'entretien des divers ouvrages, la surveillance, l'administration centrale, etc., la compagnie les évalue, dans son prospectus, à 1.250.000 francs par an. Ce chiffre semble un peu faible : aussi nous le porterons à 1.725.000 francs (*).

Il resterait ainsi un bénéfice net de 6 millions de francs, ce qui, en dehors du mode de répartition adopté, correspondrait à 10 p. 100 du capital engagé. Si ce résultat paraît exagéré pour les premières années de l'exploitation, on est en droit cependant de penser qu'il pourrait être dépassé un jour; car, si la vente de l'eau venait à se développer, la re-

(*) Ce n'est pas tout à fait 2 centimes par mètre cube.

cette s'élèverait en proportion. Il faut considérer, en effet, que chaque mètre cube livré au public, rapporte à la compagnie plus du double de ce qu'elle en tire, quand elle le consomme elle-même (*). Le bénéfice peut donc s'élever jusqu'à la limite marquée par la vente de la totalité de l'eau. Cette limite, en calculant toujours sur 100 millions de mètres cubes, serait de 12 millions 1/2 de recette brute, donnant près de 11 millions de recette nette, ou environ 18 p. 100 par an du capital engagé. Mais, en revanche, si la vente ne prenait pas, la compagnie aurait comme limite extrême opposée, le revenu de son propre domaine. En ce cas, elle porterait vraisemblablement la superficie endiguée à 5.000 hectares, pour consommer son eau dans des conditions moins désavantageuses, ce qui entraînerait un accroissement de dépense d'établissement de 5 à 6 millions, et sans doute aussi un accroissement de frais d'exploitation. Ces 5.000 hectares affermés à 1.200 fr. produiraient 6 millions bruts, ou environ 4 millions net, soit à peu près 6 p. 100 du capital engagé, ce qui, dans une opération de ce genre, est tout à fait insuffisant pour l'intérêt, l'amortissement et les imprévus. Il suit de là que

(*) Cela ressort du calcul même qui précède, où l'on voit que les 66 millions de mètres cubes employés par la compagnie ne lui rapportent que 3.600.000 francs par an, soit moins de 6 centimes le mètre cube au lieu de 12 centimes et demi que lui donnent les mètres cubes vendus. Même en admettant le prix de fermage de 1.560 francs l'hectare, mis en avant par M. Hope, le prix ne ressortirait encore qu'à 7 centimes le mètre cube. On ne doit pas s'étonner de cette différence, car, 1° on est placé, par suite de la forte dose à l'hectare (22.000 mètres cubes), dans la condition défavorable déjà signalée; 2° on subit une dépréciation provenant de la grande quantité de terrains arrosés sur un point déterminé; 3° on est éloigné de Londres et, conséquemment, on ne peut louer les herbages aussi cher qu'aux portes d'une grande ville où l'on est exonéré des transports. Il est donc tout naturel qu'avec la dose de 22.000 mètres cubes, on n'atteigne même pas le chiffre de 10 centimes le mètre cube, que nous avions indiqué cependant comme répondant à l'application d'une telle dose à l'hectare.

les efforts les plus énergiques de la compagnie doivent tendre à la vente de l'eau : l'affaire ne sera réellement bonne que dans ces conditions.

La compagnie, au surplus, s'en est parfaitement rendu compte, et c'est précisément pour faire naître le goût de l'eau dans le public qu'elle se livre depuis deux ans à une vaste expérimentation qui est une sorte d'enseignement en plein champ. Elle a loué une ferme de 84 hectares de terrains légers, à sous-sol graveleux, dont la constitution est si pauvre qu'en certains endroits la terre arable manque presque entièrement et que le gravier affleure la surface. Aucune sorte d'engrais ni d'amendement n'y est employée. On se borne à arroser avec de l'eau d'égout que des pompes prennent dans l'émissaire et envoient dans des bassins d'alimentation. On applique concurremment les deux systèmes d'irrigation d'Édimbourg et d'Espagne, c'est-à-dire par rigoles de pente et par plates-bandes de niveau. La principale culture est le ray-grass d'Italie. Sur une pièce ensemencée en août 1866 et sur laquelle on avait fait passer 10.000 tonnes d'eau d'égout par hectare jusqu'au 1er juillet suivant, on a obtenu 750 quintaux métriques de fourrage à l'hectare, en trois coupes, savoir : 200 quintaux au commencement d'avril 1867, 250 quintaux au milieu de mai et 300 quintaux vers la fin de juin. Sur d'autres pièces, la récolte a été plus belle encore. On a également bien réussi avec des pommes de terre, des choux, du céleri, des fraises, du lin, de la luzerne, etc. Enfin, la compagnie produit du lait en abondance, qui se débite journellement sur le marché de Londres.

Telle est la situation actuelle de l'entreprise des irrigations de Londres, de laquelle le conseil métropolitain a pu dire, dans son rapport officiel de 1868 : « Eu égard à ce « qui a été fait, il paraît y avoir de bonnes raisons d'espé« rer que le succès couronnera cette entreprise et qu'il sera « démontré définitivement que l'irrigation à l'eau d'égout

« est non-seulement une mesure opportune, mais que c'est « même un emploi profitable de ce qui auparavant était « rejeté comme un rebut » (*).

(*) On a fait quelques objections contre le plan de la compagnie : 1° On a dit que la surface desservie par gravitation était beaucoup trop faible et qu'elle n'aurait pas dû être moindre de 200.000 hectares, afin que chaque hectare effectivement arrosé ne reçût pas plus de 2 à 3.000 mètres cubes. Il n'est pas douteux, en effet, que, toutes choses égales d'ailleurs, il y a avantage à répartir l'eau sur une plus grande surface, mais il ne faut cependant pas pousser les choses à l'extrême, et le chiffre de 40.000 hectares, offert par la compagnie, est déjà fort respectable. D'ailleurs, si la vente se développait, les entrepreneurs auraient intérêt, tous les premiers, à élargir le cercle de la clientèle pour faire hausser les prix : or, leur projet comporte, on le sait, le cas échéant, une extension facile au moyen de pompes à feu supplémentaires et de nouveaux embranchements. 2° On a prétendu que les irrigations infecteraient la contrée. Mais, d'une part, il est interdit à la compagnie de les pratiquer à moins de 3.200 mètres de la banlieue de Londres, et, d'autre part, la région traversée par l'aqueduc ne renferme aucune agglomération importante. Quant aux sables littoraux, il n'en faut pas parler : la seule population qu'on y trouvera sera celle que la compagnie y aura appelée elle-même par ses travaux. L'exemple des Craigentinny meadows, sur lequel on a voulu s'appuyer, ne prouve rien, puisque, nous l'avons vu, les mauvaises odeurs y viennent uniquement du manque de soin dans l'application du procédé. 3° On a contesté la possibilité de préserver efficacement des eaux de la mer les sables de Maplin. On a dit que ces sables étant mouvants, l'eau, poussée par la pression extérieure, laquelle n'est pas contre-balancée à l'intérieur de l'enceinte, s'introduirait nécessairement par le pied de la digue, à travers les sables, et détruirait la végétation. Cet argument, auquel des noms d'ingénieurs ont prêté une certaine autorité, a été réfuté péremptoirement par la compagnie. Elle a fait observer qu'à marée haute et dans les parties profondes, où les infiltrations pourraient précisément sembler le plus à craindre, la digue exercerait, par son propre poids, sur les bancs de sable, une pression de 15 tonnes par mètre carré, et que cette pression serait plus que suffisante pour que les sables devinssent tout à fait imperméables à l'eau. Quant à savoir si les sables, par suite de leur nature mouvante, pourraient supporter un poids semblable sans se dérober, chose qu'on avait paru également mettre en doute, la compagnie a répondu par des expériences directes. Elle a fait éprouver très-soigneusement la capacité de résistance de ces sables et elle a trouvé qu'ils supporteraient, au be-

L'exemple de la compagnie de la rive-nord a suscité des imitateurs, et divers soumissionnaires étaient naguère en instance pour la concession des eaux de la rive-sud. Le projet qui paraît avoir le plus de chances d'être agréé est celui de M. T. Ellis. L'eau d'égout serait prise au réservoir de Crossness, à 25 kilomètres en aval de London-Bridge, et serait conduite jusqu'à Higham-Creek, à 5 kilomètres en aval de Gravesend, et à 48 kilomètres de London-Bridge, par un aqueduc couvert, de forme circulaire, de $3^m,50$ de diamètre. Cet aqueduc recevrait sur son

---

soin, une pression de 50 tonnes par mètre carré, plus que triple, par conséquent, de celle qu'ils auront à supporter effectivement. Enfin, rappelant les exemples de la baie de Morecambe et de celle de Malahide, la compagnie fait observer qu'une fois les travaux faits, la mer se charge elle-même d'en augmenter la puissance, par les dépôts qu'elle accumule graduellement contre l'obstacle qui lui est opposé. 4° Enfin, on a objecté que les sables littoraux, composés presque exclusivement de silice pure, n'étaient susceptibles de rien produire et que la prétention de les fertiliser était une grande erreur. « C'est en vain, écrivait l'illustre Liebig au maire « de Londres, qu'on pense à transformer les sables de Maplin en « un sol fertile produisant une végétation luxuriante; pour en ar- « river là, il faudrait plus de deux millions de tonnes d'argile afin de « former à la surface du sol l'épaisseur requise d'un pouce. » Mais la compagnie, fidèle à la théorie que nous avons exposée, a protesté qu'elle ne prétendait nullement à fertiliser les sables, « mais seu- « lement à féconder les récoltes qu'ils étaient destinés à porter. » Au surplus, elle a voulu sortir de la discussion théorique, et répondre par des faits, visibles pour tout le monde. En conséquence, elle a pris du sable à Maplin même, et l'a transporté à Barking Creek, où elle l'a répandu sur un hectare et demi de terrain, en une couche de 25 à 30 centimètres d'épaisseur. Une partie de la surface a été mise en prairie permanente; l'autre a reçu différents légumineux, tels que pois, carottes, asperges, etc. Ensuite on a répandu l'eau d'égout en abondance. Les carottes, les asperges sont d'une grosseur surprenante; l'herbe pousse à raison de 10 à 11 centimètres par semaine, soit près de 6 mètres par an. On fait plusieurs récoltes et sept coupes de fourrages. Cette végétation, toujours active, sous l'influence des liquides chauds et riches des égouts de Londres, rappelle celle des terres les plus privilégiées sous d'autres climats.

parcours les eaux d'égout de Darford et de Gravesend, et pourrait se décharger dans la Tamise à la marée haute, au moyen d'un bassin de réserve fonctionnant à la manière de ceux du conseil métropolitain. Près de l'embouchure, des machines à vapeur refouleraient les eaux dans une conduite grimpante de 3.200 mètres de long et les enverraient dans un vaste réservoir sur le coteau de Shorne, à une hauteur de 85 mètres. De là, les liquides seraient distribués par des tuyaux enterrés sous les chemins, et pourraient desservir par gravitation une surface de 78.500 hectares. On pourrait aussi employer l'eau à la lance ou la faire couler dans des rigoles à ciel ouvert, menées à des points convenables. La compagnie cultiverait à ses frais un domaine de 1.600 hectares. Le volume total des eaux disponibles serait d'environ 270.000 mètres cubes par jour, ou de près de 100 millions de mètres cubes par an; ce serait donc une moyenne de 1.750 mètres cubes par hectare et par an offerte à toute la surface desservie. Le coût des travaux est estimé de la manière suivante :

	francs.
Aqueduc	10.750.000
Pompes à vapeur et bâtiments	5.697.000
Conduites de refoulement	1.776.000
Réservoir de Shorne	3.125.000
Réservoir de décharge et usine pour la fabrication des superphosphates de chaux	5.000.000
Conduites de distribution	15.514.200
Domaine de la compagnie	1.750.000
Imprévu	4.361.200
Total	47.973.400

La dépense annuelle des machines à vapeur est portée, tout compris, à 1.715.000 francs, soit 0f,017 ou moins de 2 centimes par mètre cube d'eau d'égout remontée à 91 mètres environ (*).

(*) Comme se rattachant aux irrigations de Londres, ou, pour parler plus exactement, à la protection de la Tamise, on peut

2° *Irrigations de Bruxelles.*

La ville de Bruxelles vient d'adopter pour ses eaux d'égout une solution analogue à celle de Londres. Les liquides seront épurés par leur passage à travers des prairies permanentes. Toutefois, avant de servir à l'arrosage, ils subiront dans des bassins de dépôt une clarification sommaire destinée à écarter les corps les plus grossiers. Cette précaution, laissée de côté à Londres, est commandée ici, comme nous le dirons bientôt, par les circonstances particulières dans lesquelles on devra opérer.

C'est à une compagnie anglaise, *Belgian public works Company*, déjà chargée de l'exécution des grands collecteurs, qu'est échue également la tâche de réaliser l'épuration (*). Les travaux relatifs à cette dernière entreprise ont été reconnus d'utilité publique et concédés par un arrêté royal du 29 novembre 1866. Aux termes de cet arrêté et des conventions qu'il vise, les travaux doivent être exé-

---

mentionner l'entreprise qui a en vue d'utiliser pour l'arrosage, dans un même plan d'ensemble, les eaux d'égout des huit principales villes en amont de Londres, savoir : Oxford, Abingdon, Reading, Kingston, Richmond, Twickenham, Isleworth et Brentford. Une compagnie constituée au capital de 8.325.000 francs, dont 6.250.000 francs en actions et 2.075.000 francs en obligations, a obtenu un acte du Parlement qui l'investit de tous les pouvoirs nécessaires. Toutefois l'exécution n'a pas encore commencé, à cause, paraît-il, de la difficulté qu'on éprouve à se procurer les terrains nécessaires à l'irrigation.

(*) Nous devons les renseignements qui suivent à l'obligeance de MM. Smith, directeur de la compagnie anglaise, de Rotes, ingénieur des ponts et chaussées, préposé au contrôle des travaux pour le compte du gouvernement belge, et Depaire, pharmacien chimiste, membre du conseil municipal de Bruxelles, qui a été spécialement chargé de l'étude de ces questions au sein du conseil. Ces messieurs ont bien voulu se mettre à notre disposition quand nous avons visité les lieux en juillet 1867, époque où les travaux venaient de commencer.

cutés dans un délai de quatre ans et demi à partir de la date de l'arrêté. Ils devraient donc être terminés, et l'épuration en vigueur, le 29 mai 1871. La durée de la concession est de soixante-six ans. La compagnie reçoit de la ville, indépendamment de la libre disposition des eaux d'égout, une subvention de quatre millions une fois payée, et une rente annuelle de 100.000 francs en capital, équivalant à peu de chose près à un capital de deux millions de francs. C'est en tout par conséquent une subvention une fois payée de six millions (*), non compris bien entendu celle qu'elle reçoit pour le drainage proprement dit.

Les eaux de Bruxelles sont, comme celles de Londres, chargées de toutes les déjections de la population, ainsi que des résidus d'un très-grand nombre de fabriques échelonnées le long de la Senne, et qui cesseront désormais de s'évacuer à cette rivière. Le volume des liquides n'est pas actuellement très-considérable, mais avec la distribution d'eau projetée pour un avenir prochain, il atteindra sans doute le chiffre de 40.000 mètres cubes par jour, soit environ 15 millions de mètres cubes par an. Les eaux d'é-

(*) On remarquera cette particularité que, contrairement à ce qui s'est passé à Londres, ici l'emploi des eaux d'égout par une compagnie a donné lieu à une subvention importante (qui équivaudrait pour la compagnie de la rive nord de Londres à 40 millions environ). Il ne faudrait pas en conclure qu'en Belgique on n'a pas attribué aux eaux d'égout la même valeur commerciale qu'en Angleterre. La subvention en effet a eu en vue uniquement de tenir compte des circonstances extérieures qui étaient fort différentes. Ainsi, les travaux pour amener les eaux depuis la ville devaient être, relativement à l'ensemble, bien plus coûteux que l'aqueduc embranché sur le réservoir du conseil métropolitain ; en outre, les concessionnaires étaient tenus de construire une usine de décantation; enfin ils avaient, pour pratiquer l'irrigation, à se pourvoir de terrains aux portes même de Bruxelles, terrains nécessairement fort chers, tandis que la compagnie de Londres n'avait qu'à endiguer des sables concédés gratuitement par l'État, lesquels, tous travaux faits, ne devaient ressortir qu'au prix modique de mille francs environ l'hectare.

gout, réunies dans un seul émissaire sur la rive droite de la Senne, seront amenées à l'usine de décantation au moulin Saint-Michel, à 5 kilomètres en aval de Bruxelles. Cette usine consistera simplement en bassins de dépôts, dont la superficie, avec les dépendances, couvrira 12 hectares. La ville se charge d'exproprier, pour le compte des concessionnaires, ces terrains qui sont compris par l'arrêté royal dans la déclaration d'utilité publique. Au sortir des bassins, les eaux se déverseront sur des prairies en exploitation régulière, dont l'étendue, laissée à l'appréciation des concessionnaires, devra être telle en tout cas que l'épuration soit « aussi parfaite qu'à Blind Corner (Croydon), c'est-à-« dire, sans odeur dans le voisinage » (*). La compagnie se procurera à ses périls et risques la surface nécessaire à l'arrosage. Toutefois, l'autorité municipale s'engage, si la compagnie le demande, à faire toute diligence auprès du gouvernement pour obtenir l'expropriation pour cause d'utilité publique des terrains dont il s'agit(**). On pense que le

(*) L'article 17 de la convention passée le 15 juin 1866 entre la ville de Bruxelles et les concessionnaires fixe un minimum de surface d'arrosage de 60 hectares. Ce minimum est évidemment très-insuffisant, car les 15 millions de mètres cubes prévus pour l'année, répandus sur 60 hectares, donneraient 250.000 mètres cubes à l'hectare, soit une hauteur d'eau de 25 mètres. Nous doutons qu'aucun terrain cultivé, aussi perméable et aussi bien drainé qu'on veuille le supposer, pût faire face d'une manière durable à l'épuration d'un pareil volume de liquide. En mettant un zéro de plus au chiffre de la surface, soit 600 au lieu de 60, on rentre dans des conditions plus normales, 25.000 mètres cubes par hectare; c'est à peu près le contingent adopté par la compagnie de Londres pour ses sables littoraux. Fort heureusement pour la ville de Bruxelles, ce minimum est corrigé par la clause générale qui exige, en tout état de cause, la surface nécessaire pour une épuration *aussi parfaite qu'à Croydon*. Du reste la compagnie concessionnaire reconnaît elle-même, toute la première, l'impossibilité pratique de ce minimum, et elle a en vue, nous disait M. Smith, d'arroser, si elle peut se les procurer, non pas 60 hectares, ni même 600, mais bien 1.800 hectares, lesquels recevraient ainsi de 8 à 9.000 mètres cubes, ce qui est une dose excellente.

(**) L'article 26 de la concession porte : « De son côté, le col-

principe de l'expropriation prévaudra dans les conseils du gouvernement. Si cette prévision se réalisait, il en résulterait une grande facilité offerte à l'assainissement des villes du Royaume, puisque le principal obstacle à la pratique des irrigations, c'est précisément, on l'a vu, l'impossibilité où se trouvent souvent les municipalités de se procurer les terrains à des conditions acceptables.

On a remarqué la différence que présente le système de Bruxelles comparé à celui de Londres, à savoir la clarification préalable qu'on y fait subir aux eaux, tandis qu'à Londres on les emploie à l'état naturel. La raison de cette différence tient, avons-nous dit, aux circonstances locales. En effet, tandis que la compagnie métropolitaine opère dans une contrée à peu près inhabitée et jette ses eaux invendues sur une plage déserte, le concessionnaire de Bruxelles, au contraire, pratiquera l'arrosage à une faible distance de bourgades peuplées, non loin de la capitale elle-même, et dans une région sillonnée de voies de communication. Il y a donc ici un grand intérêt, un intérêt primant la question d'économie, à ce que l'irrigation developpe le moins d'odeur possible. Or il est certain qu'en séparant, avec des précautions convenables, les matières les plus grossières en suspension dans les liquides, on est encore plus sûr d'at-

---

« lége échevinal s'engage si les seconds soussignés (les concession-
« naires) en font la demande, à faire toute diligence auprès du gou-
« vernement pour obtenir : 1° l'expropriation, pour cause d'utilité
« publique, des terrains dont il est parlé à l'article 17 ; 2° l'auto-
« risation de raccorder l'usine de décantation et d'épuration par
« voie ferrée au réseau des chemins de fer de l'État ou des che-
« mins de fer concédés. » Cette clause, insérée dans un document officiel, est le premier pas fait dans la voie que nous avons indiquée, comme devant seule donner la solution au problème de l'emploi des eaux d'égout. Il serait fort à désirer pour les progrès de l'assainissement que l'expropriation fût accordée par le gouvernement belge. Ce fait aurait une portée qui dépasserait les limites du royaume : il préparerait les esprits, en tous pays, beaucoup plus efficacement que les publications scientifiques, à accepter une mesure rendue nécessaire par les besoins des sociétés modernes.

teindre le but; car on prévient ainsi les émanations que des corps abandonnés sur le sol pourraient dégager pendant leur lente décomposition. La combinaison belge a donc sa raison d'être comme celle de Londres avait la sienne.

3° *Irrigations de Milan.*

Les eaux d'égout de la ville de Milan, chargées, comme celles des villes précédentes, des déjections de la population (y compris les matières fécales), servent à l'arrosage d'un millier d'hectares de prairies situées en aval de la ville sur un parcours d'environ 16 kilomètres. La population est de 150.000 âmes, mais le volume des liquides est beaucoup plus fort que celui qui correspond d'ordinaire à un pareil chiffre, car il atteint 100.000 mètres cubes par jour, soit près de 700 litres par habitant; c'est que dans ce volume figurent pour une très-large part les eaux naturelles qui traversent la ville, et dans lesquelles se délayent les résidus des maisons. Le drainage, tant public que privé, est d'ailleurs assez primitif, ce qui s'explique par sa grande ancienneté; il paraît remonter à plus de cinq cents ans. Les égouts et les drains particuliers se réunissent dans deux collecteurs qui ne sont autres que des cours d'eau naturels canalisés : l'un, la Sevese, dessert la partie centrale ou la ville proprement dite, et est maçonné et couvert; l'autre, le Naviglio, qui se jette dans le précédent, dessert la partie excentrique ou les faubourgs; il est beaucoup plus grossièrement établi et circule à ciel ouvert. L'ensemble de ces liquides est finalement recueilli par un troisième canal, également à ciel ouvert, la Vettabia, qui sert d'émissaire à la ville. C'est sur le parcours de ce dernier que les eaux sont vendues aux propriétaires des prairies. L'excédant rejoint la rivière Lambro, à 17 ou 18 kilomètres au sud de Milan. La surface des prairies confine aux portes mêmes de la ville, et toute la région est soumise à un arrosage très-actif, tant avec les eaux de la Vettabia qu'avec celles de divers autres canaux naturels, exempts de produits d'égouts. Malgré ces pratiques, on n'a constaté à aucune époque de tendance marquée aux épidémies ni aux fièvres endémiques. Une commission anglaise chargée en 1857 de visiter ces contrées et de faire une enquête sur la salubrité des irrigations, a rendu à leur égard un témoignage très-favorable. M. l'ingénieur en chef Mille, chargé, il y a peu d'années, d'une mission semblable, par M. le préfet de la Seine, a confirmé ces appréciations.

Indépendamment des matières qui les enrichissent, les eaux de la Vettabia ont, sur la plupart de celles qu'on emploie dans le pays, l'avantage d'être à une température plus élevée. Leur circulation en partie souterraine et leur mélange avec le tribut des maisons ont pour résultat de les tiédir d'une manière sensible. Cette circonstance très-favorable à l'arrosage en toute saison, ainsi que nous en faisions naguère la remarque à propos des liquides d'égout de Londres, permet de cultiver à Milan ces prairies désignées sous le nom de *Marcites* qui reçoivent l'eau au cœur même de l'hiver, alors que la neige recouvre les terres environnantes. «Les marcites, dit M. Ronna, se distinguent des « prairies ordinaires dont la surface en pente douce est ali- « mentée par un canal supérieur distribuant l'eau dans « des saignées suivant les lignes de niveau, en ce qu'elles « sont sillonnées transversalement et divisées en compar- « timents ou *ailes* de $0^m,03$ de pente et de 7 mètres environ « de largeur. C'est entre ces ailes, et au sommet des ados « de distribution que sont les rigoles de distribution.

« Ces rigoles ont $0^m,30$ de largeur sur $0^m,25$ de profon- « deur. L'eau vient sur chaque arête supérieure, ruisselle « sur le gazon et tombe dans des colatures ou rigoles de « $0^m,20$ à $0^m,25$ de largeur sur $0^m,16$ à $0^m,20$ de profon- « deur, qui l'entraînent par une pente de 3 à 5 pour 100 « dans le fossé d'écoulement ou colateur. Une planche de

« 120 mètres de longueur ainsi répartie en compartiments, « est suivie d'une autre un peu plus courte, où le colateur « de la première, devient irrigateur dans la seconde. La « reprise des mêmes eaux s'opère ainsi trois fois et même « jusqu'à douze fois, sur la même prairie. Cette reprise paraît « indispensable, car en évaluant le produit minimum de la « Vettabia à 100.000 mètres cubes par 24 heures, ou « 1 mètre cube à la seconde, et la tranche liquide néces- « saire à la consommation d'un hectare de marcites par « 24 heures, à $0^m,30$ de hauteur, on trouve que les eaux de « ce canal ne pourraient fertiliser que 30 hectares au lieu « d'un millier actuellement irrigués.

« L'eau, toujours ruisselante à la surface, abrite le gazon « du froid et des vents ; de sorte qu'il s'épaissit de décembre « à février et devient assez abondant pour permettre une « première coupe en février. On suspend l'arrosage huit jours « au moins avant de faucher. Les produits de l'année sont « proportionnels à la dépense d'eau. L'herbe, mélangée de « ray-grass et de trèfle, se coupe six fois. »

Le produit de ces coupes dépasse ordinairement 50 tonnes par hectare (*), représentant 13.000 kilog. de fourrage sec. Il atteint quelquefois 80 tonnes, et on a même des exemples de marcites donnant jusqu'à 100 tonnes, soit plus de 25.000 kilog. de foin. On évalue le revenu net moyen à 500 francs par hectare ou plutôt 600, en comprenant la vente des limons riches que la Vettabia abandonne graduellement sur les prairies et qu'on est obligé d'enlever tous les cinq ou six ans. Ce limon provient des terres que les eaux des canaux roulent naturellement et qui retiennent une partie des matières organiques fournies par les

(*) Les coupes se distribuent comme il suit : dans chacun des mois de février et d'avril, 12.000 tonnes environ ; en juin et août, 9 000 ; en octobre et décembre, 6.000 ; total, 54.000 tonnes. Les coupes d'hiver sont de moins bonne qualité que celles de la fin du printemps et de l'été.

maisons. Ce flot trouble détermine sur le sol une sorte de colmatage qui tend à en exhausser continuellement le niveau. Pour le maintenir, on a soin, au bout de quelques années, d'*écrouter* la terre sur plusieurs centimètres. L'humus ou terreau ainsi retiré constitue un engrais de premier ordre que recherchent les maraîchers et dont la vente donne environ 600 francs par hectare.

Essayons d'assigner une valeur à l'eau d'égout de Milan.

Les 100.000 mètres cubes par jour, répartis sur 1.000 hectares, représentent une consommation quotidienne de 100 mètres cubes à l'hectare ou une dose annuelle de 36.000 mètres cubes. Or, avons-nous dit, le produit net est de 600 francs. La valeur de l'eau de la Vettabia est donc de $0^f,0167$ le mètre cube. Mais ce n'est point là, remarquons-le bien, de l'eau d'égout ordinaire : c'est de l'eau d'égout étendue de six fois son volume d'eau pure; en effet, le débit de la Vettabia représente, pour une population de 150.000 âmes, un contingent de 700 litres par tête et par jour, ce qu'on peut considérer comme le septuple de la consommation normale d'une ville où le drainage est assez imparfait. Il faudrait donc multiplier la valeur ci-dessus par 7 pour rentrer dans les conditions d'une eau d'égout ordinaire; on aurait ainsi $0^f,116$ pour la valeur de cette eau. Mais il y a une autre correction en sens inverse à faire subir à ce chiffre. En effet, quand on arrose avec 7 mètres cubes d'eau de la Vettabia on ne se trouve pas dans les mêmes conditions que si l'on arrosait avec un seul mètre cube d'eau d'égout ordinaire; car à l'action des matières fertilisantes s'ajoute celle des six autres mètres cubes d'eau pure, action qui dans un climat comme celui de l'Italie est loin d'être négligeable. En d'autres termes, l'arrosage, abstraction faite de tout engrais, a ici sa vertu propre, dont il faut tenir compte. Quelle est la valeur de cet arrosage, pris intrinsèquement? Comment doit se répartir le profit net, entre les principes fertilisants d'une part, et l'eau pure d'autre part? On peut en trouver une mesure approximative au moyen de ce fait que, dans le Milanais, l'eau de la Vettabia se vend couramment le double de celle des autres canaux (*). Il semble donc que l'addition des matières issues du drainage donne à cette eau une seconde valeur égale à celle qu'elle possédait déjà, et que conséquemment les éléments qui vont se diluer dans 7 mètres cubes de la Vettabia ont une valeur égale à la moitié de 0f,116 ou à 0f,058. Mais pour avoir l'eau d'égout normale il faut délayer ces éléments dans 1 mètre cube d'eau pure, ce qui ajoutera à leur valeur celle de cette eau elle-même, soit un septième de 0f,058 ou un peu plus de 0f,008. Le mètre cube de liquide d'égout, ramené à la composition normale, sera donc finalement coté à près de 0f,07. Or nous ne nous écartons pas ici beaucoup des chiffres que nous avons déjà eu occasion de poser, puisque nous avions précédemment fixé à 0f,05 environ la valeur correspondant à la dose de 40.000 mètres cubes, et que, dans le cas actuel, la dose est précisément de 36.000 mètres cubes. Nous obtenons, on le remarquera, un chiffre un peu plus favorable (0f,07 au lieu de 0f,05), ce qui tient évidemment à cette double circonstance : 1° que le ciel de la Lombardie est beaucoup plus propice aux hautes doses que celui de l'Angleterre; 2° que les eaux de la Vettabia étant très-faiblement chargées de matières organiques, on est beaucoup moins exposé à saturer la végétation. Il n'est même pas douteux, eu égard à ces considérations, que l'eau ressortirait à un prix plus élevé encore, à 0f,10 peut-être, si le drainage de la ville de Milan était plus parfait et si les marcites ne subissaient pas la concurrence des irrigations ordinaires qui couvrent cette fertile contrée.

(*) 800 francs l'once au lieu de 400 francs. L'once mesure un débit de 44 litres à la seconde.

4° *Projets d'irrigations pour Paris.*

A diverses reprises, depuis une dizaine d'années, on a agité la question d'une entreprise d'irrigations avec les eaux d'égout de la ville de Paris. Bien que la solution ne paraisse pas prochaine et qu'en ce moment même l'attention publique en ait été détournée par les essais de traitement chimique institués à Clichy, il est à propos d'en dire quelques mots, car après une série plus ou moins longue de tâtonnements il semble impossible qu'on ne rentre pas dans la voie que l'expérience de l'Angleterre a démontré la seule praticable.

En dehors de tout système particulier d'irrigations, on ne doit pas perdre de vue quelques considérations essentielles, qui n'ont pas toujours été assez mises en lumières par les promoteurs de projets et dont l'oubli cependant entraînerait à une ruine certaine ceux qui tenteraient de mettre ces projets à exécution.

La plus importante de ces considérations c'est que la contre-partie indispensable de toute entreprise d'irrigations doit être l'abolition des fosses d'aisances et l'envoi direct des matières fécales aux égouts, sans préjudice, bien entendu, de la généralisation du drainage privé tel qu'il se pratique aujourd'hui dans les principaux quartiers. Ce serait, en effet, une grande illusion de croire que les eaux d'égout de Paris, avec leur composition actuelle, sont susceptibles de rémunérer une entreprise d'irrigation. Elles augmenteraient incontestablement le rendement agricole, mais pas assez pour qu'il en résultât un profit commercial, ce qui est fort différent. Ces eaux, en effet, privées qu'elles sont aujourd'hui des déjections de la population et même d'une grande partie des résidus ménagers, ne valent pas assurément la moitié de ce que valent les eaux de Londres ou de Bruxelles et en général les eaux des villes anglaises.

Au lieu de o^f,125 le mètre cube, ce serait beaucoup de les coter à o^f,05. Or, si l'on prélève o^f,03 pour les frais d'exploitation, ce qui n'a rien d'exagéré, il ne resterait que o^f,02 pour couvrir le capital engagé, chiffre tout à fait insuffisant. Effectivement, on ne peut espérer de desservir Paris avec une dépense moindre que pour la rive nord de Londres, ou avec moins d'une soixantaine de millions. Or o^f,02 sur 300.000 mètres cubes par jour (*) ne représentent guère que 2 millions par an, c'est-à-dire 3 $\frac{1}{4}$ p. 100 du capital engagé. Ainsi dans l'hypothèse doublement inadmissible, où la totalité des eaux seraient vendues au public, au prix le plus élevé qu'on puisse en espérer, eu égard à la composition de ces eaux, on ne retirerait encore qu'un mince intérêt, sans aucune réserve pour l'amortissement ni la réfection des ouvrages. Il n'y a donc pas à s'arrêter un instant à de semblables combinaisons. Au contraire, la situation pourrait changer si la suppression des fosses, fixes ou mobiles, venait à être décidée; car alors les eaux d'égout de Paris rentreraient dans les conditions ordinaires et seraient, dès lors, susceptibles de prendre une valeur plus ou moins voisine de la valeur normale o^f,12 à o^f,15 le mètre cube.

Une autre condition sans laquelle une entreprise d'irrigations serait également rendue à peu près impossible, c'est la faculté d'exproprier les terrains nécessaires à l'arrosage. Pour l'emplacement de l'aqueduc et des ouvrages d'art, cela va de soi : il ne saurait être question de procéder sans expropriation; on l'a concédée en Angleterre où on l'avait refusée aux chemins de fer : à plus forte raison la concèderait-on en France. Mais nous voulons parler des surfaces destinées à recevoir l'eau : il est indispensable, disons-nous, de pouvoir les exproprier. Rappelons, en effet, que

(*) Cette quantité, comme nous l'avons déjà remarqué, paraît être le maximum que doive atteindre le débit du collecteur, quand tous les travaux en cours seront terminés.

la condition *sine quâ non*, d'un bon prix de vente de l'eau d'égout c'est que le cultivateur en puisse faire usage à son gré, quand et comme il lui plaît; c'est dire que le concessionnaire en gardera une portion à sa charge, portion qui, dans un pays peu porté aux innovations agricoles, sera dans les commencements bien près d'atteindre la totalité. Il faut donc que le concessionnaire de Paris, bien plus encore que celui de Londres, ait en propre un domaine où il puisse verser l'excédant et au besoin la totalité de ses eaux. Ce domaine, supposé d'ailleurs dans les meilleures conditions d'écoulement, ne saurait avoir moins de 1 $\frac{1}{2}$ hectare par 1.000 habitants, si l'on a en vue seulement d'épurer, et devra en avoir le double, si l'on veut employer l'eau d'une manière qui ne soit pas trop désavantageuse. Pour une population de 2 millions d'âmes, le domaine devrait donc avoir 6.000 hectares (*). L'opération déjà médiocre à ce chiffre de superficie serait déplorable au-dessous (**). Or, 6.000 hectares, dans un pays où la propriété est si morcelée, ne sont pas faciles à se procurer, et M. Le Chatelier a eu raison d'y voir un grand obstacle à la pratique des irrigations et par suite un argument en faveur de son système d'épuration par voie chimique. Quant à aller chercher les terrains au bord de la mer, c'est, vu l'éloignement, un expédient qui sans être impraticable, serait cependant assez coûteux pour faire reculer les capitalistes; d'ailleurs, il n'est pas établi qu'on trouverait sur le littoral une telle surface favorablement disposée. Il est donc vraisemblable que s'il fallait se procurer les terrains par les voies ordinaires, on ne réussirait pas à constituer un domaine convenable, même en consentant à le former de plusieurs lots

(*) Avec cette superficie et le chiffre de la future distribution de Paris, l'hectare recevrait 20.000 mètres cubes environ, ce qui est le double de la dose correspondant au plus grand profit agricole.

(**) Nous nous plaçons ici, bien entendu, au point de vue du capitaliste qui engage librement ses fonds, et non au point de vue de la

indépendants (*). Car, qu'on ne l'oublie pas, l'obligation de faire passer 20 à 25 mille mètres cubes d'eau sur un hectare limite singulièrement le choix : autant il est facile de trouver des sols qui acceptent 5 à 6 mille mètres cubes, autant on peut avoir de peine à en trouver qui absorbent quatre ou cinq fois cette quantité. On court donc le risque de se heurter à des prétentions inadmissibles. Le seul moyen de lever cet obstacle c'est évidemment d'accorder l'expropriation pour cause d'utilité publique des terrains indispensables à l'arrosage. Ce serait la mise en pratique de la pensée exprimée par la commission anglaise de 1866, pensée reprise par les autorités belges et déposée par elles, nous l'avons dit, dans le contrat passé avec les entrepreneurs de l'assainissement de la Senne. Il ne s'agirait pas, bien entendu, d'une expropriation sans limites et sans garanties, mais elle serait soumise à certaines réserves. Ainsi la superficie expropriable pourrait être restreinte à la moitié de celle dont on aurait besoin pour opérer l'arrosage dans des conditions commerciales acceptables, soit à $1 \frac{1}{2}$ hectare par 1.000 âmes de la population; l'autre moitié serait acquise par le concessionnaire de gré à gré. On exproprierait donc 3.000 hectares (**) avec lesquels on pourrait, à la rigueur, faire face aux nécessités de l'assainissement, et on acquerrait à l'amiable les 3.000 autres hectares destinés à procurer la rémunération des capitaux. C'est seulement avec une base d'opération assurée que l'entrepreneur pourrait s'engager raisonnablement dans l'af-

---

municipalité qui pourrait trouver bon de faire un sacrifice dans l'intérêt de la salubrité et qui, en ce cas, jugerait peut-être préférable d'abaisser la surface à 3.000 hectares.

(*) On ne pourrait pousser trop loin ce morcellement du domaine, sous peine de rendre la conduite de l'irrigation fort compliquée et coûteuse.

(**) L'emplacement des terrains expropriés serait fixé par le même décret qui approuverait l'établissement de l'aqueduc et des ouvrages d'art.

faire et s'exposer aux prétentions des propriétaires pour le surplus des acquisitions. Car ces prétentions seraient sans doute sensiblement diminuées, par cela seul qu'on saurait l'entrepreneur déjà muni des terrains strictement indispensables à l'épuration.

Ainsi les deux conditions en quelque sorte préalables de toute entreprise d'irrigations avec les eaux d'égout de Paris, sont :

1° Que ces eaux soient enrichies de toutes les déjections de la population;

2° Qu'on ait la faculté d'exproprier 1 $\frac{1}{2}$ hectare par 1.000 habitants.

La première de ces deux conditions est absolue: sans elle, l'affaire est condamnée à une ruine certaine. La seconde pourrait, à la rigueur, être suppléée par un concours de circonstances heureuses; mais il ne serait pas prudent de s'engager sans une pareille garantie.

Ces deux considérations, on le voit, compliquent singulièrement l'affaire. Il nous reste à parler d'une troisième qui est au contraire moins défavorable aux entreprises d'irrigations qu'on ne le pense généralement : c'est l'élévation mécanique des eaux d'égout.

Une telle élévation serait une nécessité à Paris, comme du reste pour la plupart des cités importantes qui, étant étendues le long d'un cours d'eau, se trouvent à un niveau inférieur à celui des campagnes environnantes. Dès lors les liquides devraient être remontés artificiellement afin de pouvoir se distribuer aux terres par gravitation et jouir en même temps d'un écoulement assuré. Or cette obligation d'élever les eaux passe, auprès de beaucoup de personnes, pour un obstacle insurmontable. On suppose, d'une part, que les pompes sont obstruées par les matières en suspension dans le liquide, et d'autre part, que la dépense des machines à vapeur est inabordable. Fort heureusement, il n'en est pas ainsi. L'expérience de Londres montre qu'avec un grillage métallique interceptant les corps volumineux, les pompes n'éprouvent aucun dérangement; les machines élévatoires du conseil métropolitain fonctionnent depuis plus de trois ans avec une régularité parfaite. Quant à la dépense de l'ascension, quoique considérable, elle est cependant fort au-dessous de ce qu'on imagine. Nous l'avons dit plus haut et nous le répétons, l'élévation de l'eau d'égout à 75 mètres n'augmente pas en Angleterre le prix du mètre cube de plus de $0^f,01$. En tenant compte des différences dans le coût des houilles, la dépense en France n'excéderait certainement pas 2 centimes pour une élévation à 100 mètres.

Ces principes généraux posés, tout se réduit maintenant à une question de tracé. Nous n'avons pas à rechercher quel pourrait être le meilleur : c'est une détermination tout à fait en dehors de la compétence de ce travail. Nous nous bornerons à rapporter, à titre d'exemples, deux projets mis en avant, il y a peu d'années, et dus à des ingénieurs distingués, MM. Mille (*) et Aristide Dumont.

Voici le projet de M. Mille, tel qu'on le trouve décrit dans un rapport de 1862 à M. le préfet de la Seine, sur les irrigations et les prairies à marcites du Milanais.

« ..... Il reste la question la plus importante. Les résul-« tats obtenus en Lombardie peuvent-ils se répéter en « France? Les environs de Paris peuvent-ils, comme la « banlieue de Milan, avoir des marcites, des prairies d'hiver « à végétation constante? Oui, pourvu qu'il y ait ici la même « volonté, la même persévérance.

« Mais, dira-t-on, le soleil d'Italie nous manque et sans « lui l'on ne réussira pas. Il est curieux de remarquer que « la seconde application en grand des eaux d'égout ait eu « lieu à Édimbourg; elle y a produit des prairies qu'on

(*) M. Mille est le même ingénieur qui dirige les essais de Clichy, décrits dans le premier chapitre.

« coupe quatre et cinq fois par an, et où l'herbe, abon-
« dante et précoce, est payée cher par les nourrisseurs.
« Notre climat de France vaut bien celui d'Écosse; ainsi
« nous pouvons poursuivre.

« A Paris, la Vettabia, c'est l'égout d'Asnières, qui roule
« 1^{m3} à la seconde, et aura plus tard 2^{m3} à verser dans la
« rivière (*). Les liquides, déjà clarifiés par les opérations
« qui précèdent l'émission en Seine, la récolte des fumiers
« flottants et le dragage des sables, les liquides sont plus
« troubles que ceux de Milan; il faudrait ajouter deux ou
« trois volumes d'eau pure pour les ramener à la limpi-
« dité du modèle. La limite agricole de la dilution n'est
« donc pas atteinte, et la difficulté toute mécanique con-
« siste encore à soulever de grandes masses d'eau à bas
« prix.

« Qu'on jette les yeux sur la carte hydrographique du
« bassin de la Seine, on remarquera qu'entre les con-
« fluents de la Marne et de l'Oise, la rivière se promène,
« en longs serpents, dans une érosion du calcaire grossier.
« L'ancien lit d'inondation, large d'environ 10 kilomètres,
« a été rempli en cailloux et en gravier, alluvions si mai-
« gres et si peu fertiles qu'elles ne portent guère qu'une
« végétation forestière. Le bois de Boulogne, le bois du
« Vésinet, la forêt de Saint-Germain couvrent successive-
« ment ces langues d'atterrissement. Si les champs de
« Gennevilliers font exception, c'est qu'à proximité des
« quartiers peuplés, ils ont été fertilisés au moyen des
« boues et des fumiers de la ville.

« Au-dessus des grèves de la Seine, au nord, et sur le
« calcaire grossier, s'étend la plaine de l'Ile-de-France. Elle
« a été, entre Montmorency, Saint-Denis, Noisy-le-Sec, en-
« tièrement prise par la culture maraîchère, qui fait ici de
« gros légumes pour la halle, grâce aux engrais de Paris.

(*) Il versera 3 mètres cubes incessamment.

« Plus loin, sur les mêmes terrains, on ne rencontre que « des céréales. Au sud-est de Meaux, à Corbeil, commence « la Brie, plateau argileux qui, comme la Flandre, se « livre à la culture industrielle; tandis qu'au sud-ouest, « au delà de Versailles, la Beauce continue le plateau de « Trappes et montre encore un grenier à céréales.

« Or, que faut-il à la Brie et à la Beauce, sinon de l'en- « grais flamand, des liquides concentrés susceptibles d'en- « richir les fumiers de la ferme? Aux champs maraîchers « de l'Ile-de-France, ce qui convient au contraire, c'est un « arrosage avec des eaux tièdes d'égout permettant d'échauf- « fer le sol de bonne heure ou de lutter contre la séche- « resse en été. Quant aux grèves de la Seine, elles vont, si « l'on y fait passer un courant d'eau trouble, se colmater « et devenir un vrai fond de marcites.

« Mais à première vue l'exécution paraît impossible. « L'égout d'Asnières débouche à la cote 25 mètres, les « grèves sont 10 mètres plus haut, à la cote 35 mètres; « la plaine de Montmorency, Saint-Denis et Noisy, ou le « réservoir qui l'alimenterait, doit se prendre à la cote « 75 mètres, à 50 mètres au-dessus de la rivière; tandis « que la Brie, à la cote 100 mètres, et la Beauce, à la cote « 175 mètres, donnent à franchir des différences de niveau « de 75 à 150 mètres; comment vaincre ici les obstacles?

« A la rigueur on en viendrait à bout avec la machine à « vapeur; mais quand il s'agit de remuer 200.000 mètres « cubes par jour, on entre dans la création d'un matériel « gigantesque et dans une consommation de charbon pres- « que illimitée (*). Heureusement une solution meilleure « est à portée.

« La Seine, malgré ses longues inflexions, garde une

(*) Nous avons vu que ces appréciations sont exagérées et que la dépense se réduit à 2 centimes par mètre cube élevé à 100 mètres.

« pente forte de 1 mètre par myriamètre ; il en résulte une « vitesse qui gêne la navigation à la remonte et qui rend « les barrages indispensables. Il y en aura prochainement « trois entre la sortie de Paris et Poissy : le premier à Su- « resnes, le second à Marly et Besons, le troisième à An- « dresy. Réglés à 3 mètres et 2^{m},40 de chute, retenant un « fleuve de 75 mètres cubes à l'étiage sur les deux pre- « miers points et de 120 mètres cubes environ après le « confluent de l'Oise, les barrages créent des forces mo- « trices de 2.400 chevaux à Suresnes, comme à Marly et « Besons, de 3.600 chevaux à Andresy : 1 ou 2 mètres « cubes d'eau par seconde ne peuvent être difficiles à sou- « lever par de pareilles puissances (*).

« En effet, les ingénieurs de Louis XIV, en construisant « les machines de Marly, ont résolu le problème que nous « rencontrons devant nous aujourd'hui. Le vieil attirail de « roues, de balanciers et pompes dont la complication et « le bruit ne répondaient qu'à un effet utile insignifiant, a « été remplacé par un système fort simple et très-éner- « gique. Six roues de 12 mètres de diamètre mènent « chacune quatre pompes horizontales qui puisent l'eau « en rivière et la refoulent d'un jet au sommet de la mon- « tagne. Chaque roue prenant 200 chevaux de force tra- « vaillant sous une charge manométrique de 180 mètres, « chasse 2.000 mètres cubes par jour à 150 mètres de « hauteur !

(*) Le barrage de Suresnes existe aujourd'hui et pourrait facilement être utilisé pour l'élévation des eaux. Quant à celui d'Andresy, il n'est pas démontré qu'on aurait intérêt à aller chercher là une force motrice : car le tracé de l'aqueduc se trouverait ainsi fixé en partie, tandis qu'il serait peut-être préférable de le diriger dans un autre sens, même au prix de l'abandon d'une force naturelle. D'ailleurs si les moteurs hydrauliques sont économiques, ils ont bien aussi l'inconvénient d'être sujets à des irrégularités qui, vis-à-vis d'une tâche aussi continue que celle dont il s'agit ici, peuvent avoir des conséquences graves. En somme, c'est une question à examiner.

« Donc, chaque roue peut envoyer au plateau de la Beauce, « et à plus forte raison en Brie, 2.000 mètres cubes par « jour, c'est-à-dire tout ce que Paris produit de liquides de « vidanges, en les supposant isolés et partout rassemblés. « Si l'on considère les eaux d'égout et qu'il suffise de les « refouler, non à 150 mètres de hauteur mais à 50 mètres « pour les envoyer au réservoir qui les dispersera dans « l'Ile-de-France, il faut tripler le résultat et compter sur « 6.000 mètres cubes en 24 heures. Si l'on descend encore « d'altitude et qu'on veuille répandre les eaux sur les grèves « de la Seine où il n'y a que 10 mètres à franchir, au lieu « de 50 mètres, le chiffre doit être quintuplé; chaque roue « puisera 30.000 mètres cubes à l'égout et les versera à la « surface des alluvions de gravier pour les transformer « bientôt en prairies et en herbages. Avec six roues absor« bant 1.200 chevaux, avec le système actuel de la ma« chine de Marly, on aurait raison des 200.000 mètres « cubes que versera l'émissaire.

« Si donc le barrage que l'on doit construire à Suresnes « était descendu 7 kilomètres plus bas et porté à Asnières; « si l'on dotait ainsi l'embouchure en Seine d'une force « motrice de 2.400 chevaux, on peut affirmer que la so« lution économique serait complète. La puissance de la « chute mènerait les appareils de dragage et de filtrage « des solides d'égout, et enverrait les liquides dans la « campagne, partout où la consommation agricole le de« manderait.

« Cette consommation se fera-t-elle? L'éducation d'une « population de cultivateurs est lente, il faut en convenir : « elle exige du temps, des efforts d'instruction, des sacri« fices d'exemple; mais ici, les éléments de succès existent. « Le maraîcher de la banlieue de Paris est un travailleur « ardent et assidu, comme le Flamand et le Lombard; de« puis les chemins de fer, il se sent attaqué par la concur« rence de rivaux plus favorisés du ciel, les maraîchers

« d'Angers, de Bordeaux, d'Avignon et de Perpignan ; il « saisira vite des procédés d'arrosage qui lui donneront les « moyens de faire des primeurs ou de doubler ses récoltes. « Quant aux prairies irriguées, il y aura pour les appeler « les besoins d'une nourriture verte réclamée par les vaches « laitières ou par les bœufs qui approvisionnent le marché « de Paris.

« *Conclusions.* — Amener une force motrice de 2.400 che- « vaux à la bouche de l'égout d'Asnières, ou conduire « l'émissaire jusqu'à l'une de ces puissances gigantesques « créées par les barrages de la navigation et à peine uti- « lisées; construire dans la campagne un système de ré- « servoirs, de canaux, de rigoles de distribution et de « fossés d'assainissement; transformer, élever la produc- « tion maraîchère de la banlieue par l'emploi habilement « pratiqué des eaux riches et tièdes que l'on ne sait encore « que perdre dans la Seine; voilà un programme qui n'est « ni simple ni facile, mais qui est digne d'attirer l'attention « des hommes soucieux de l'avenir (*).

« En définitive, l'œuvre des Visconti et des Sforza, de « saint Bernard et de Léonard de Vinci n'était pas plus « aisée, et nous la trouvons aujourd'hui tellement vivante, « tellement imprimée à la surface comme au fond du pays, « qu'elle nous semble venir de la nature même.

« N'ayons donc pas peur, lorsqu'un grand intérêt nous « conseille d'entreprendre ce qui est difficile; il n'y a que « cela de durable. »

Le plan de M. Aristide Dumont s'éloigne peu de celui de M. Mille :

« Les machines d'Asnières, dit-il, enverraient les eaux

(*) A ce programme il faut ajouter, comme condition essentielle, ne l'oublions pas, l'envoi des matières fécales aux égouts. Sans cela, on en serait pour ses frais.

« dans trois directions différentes. Un premier tuyau sui-
« vrait la direction du chemin de fer du Nord pour se bifur-
« quer ensuite au delà de l'Oise, en deux branches, l'une
« allant aboutir dans les environs de Montdidier et l'autre
« du côté de Gournay. Le second tuyau suivrait la ligne de
« l'Est et se bifurquerait aussi en deux branches, l'une
« allant sur les plateaux de la Brie, et l'autre du côté de
« Villers-Coteretz. Le troisième tuyau, enfin, suivant la
« direction du chemin de fer de l'Ouest, irait porter les
« eaux-vannes d'un côté sur les plateaux de la Beauce et
« de l'autre côté vers Dreux. Sur tout le parcours de ces
» tuyaux, il serait établi, de distance en distance, des prises
« d'eau ou des bureaux de vente d'engrais liquide; chaque
« tuyau serait terminé à son extrémité par un réservoir dont
» le trop-plein se déverserait dans le cours d'eau le plus
« voisin » (*).

Notre opinion personnelle est qu'aucun de ces deux projets, dans les termes où ils sont conçus, ne serait exécutable à raison précisément de ce que les auteurs ont cru pouvoir se passer de la faculté d'exproprier pour cause d'utilité publique les terrains nécessaires à l'irrigation. Il suit de là que pour trouver des emplacements favorables on est forcé de se porter à des distances considérables et de multiplier démesurément les canaux de distribution. On peut donc prédire que les frais de conduite des eaux sur le lieu d'arrosage seraient tout à fait hors de proportion avec la valeur même de ces eaux. En outre, ce qui est une autre conséquence de l'absence du droit d'exproprier, les auteurs font reposer toute leur combinaison sur l'espoir d'une vente régulière de l'engrais aux cultivateurs, espoir chimérique,

(*) La salubrité publique se trouverait singulièrement compromise par cette disposition, car la vente de l'engrais ne se généraliserait pas du premier coup. Ce qu'il faut à l'extrémité de chaque tuyau, ce n'est pas un réservoir, mais bien un domaine appartenant à l'entrepreneur et toujours prêt à recevoir l'excédant des eaux.

surtout pendant les premières années de l'exploitation. Ce n'est pas, selon nous sur de telles bases qu'un projet vraiment praticable peut être édifié. Il faut, de toute nécessité, introduire parmi les données du problème la condition qu'un minimum de superficie pourra être acquis par voie d'expropriation. La question alors se simplifiera singulièrement, et l'étude des environs de Paris fera connaître, sans nul doute, à une distance raisonnable, des terrains dans des conditions d'altitude et de constitution qui permettront d'y répandre l'eau à un prix acceptable.

CONCLUSIONS.

En résumé, les procédés chimiques appliqués à l'épuration des eaux d'égout ont constamment présenté jusqu'ici les inconvénients ci-après :

1° Ils nécessitent des manipulations qui affectent plus ou moins la salubrité du voisinage. Le curage des bassins de dépôt et la dessiccation des boues sont, en effet, accompagnés d'odeurs qu'il paraît à peu près impossible d'éviter quand on opère en grand;

2° La séparation des matières n'est jamais complète : il subsiste toujours en grande quantité dans les eaux vannes, soit à l'état de suspension, soit surtout à l'état de dissolution, des principes fertilisants qui sont une cause de corruption pour les cours d'eau en même temps qu'une perte pour l'agriculture;

3° La valeur commerciale de l'engrais obtenu est inférieure à son prix de revient, sinon au lieu même de production, du moins à quelque distance : or quand on traite les eaux d'une grande ville, la totalité de l'engrais ne peut être consommée qu'à la condition d'être exportée dans un rayon étendu.

Ces conclusions défavorables ne s'appliquent bien évidemment qu'aux ingrédients chimiques essayés jusqu'à ce jour. Il n'est point dit que quelque autre substance, encore inconnue, ne sera pas susceptible de résoudre le problème d'une manière satisfaisante, et à ce point de vue le champ reste ouvert aux expériences. Toutefois, il faut bien le reconnaître, un tel ensemble de résultats négatifs constitue une forte présomption contre cette classe de procédés, et la prudence ne permet guère d'espérer le succès dans une voie où tant de tentatives ont déjà échoué.

En Angleterre, toutes les entreprises qui se sont fondées en vue d'appliquer un traitement chimique, après avoir subi des pertes considérables, ont successivement discontinué leurs opérations, et dans ce pays où l'on n'abandonne pas facilement une idée qu'on a crue juste, on a cependant renoncé complétement à celle-là. De plus, en Belgique, où l'on s'est livré à une longue et consciencieuse enquête sur la question, et où les propositions séduisantes n'ont pas manqué pour l'application des procédés chimiques, on est arrivé exactement aux mêmes conclusions qu'en Angleterre.

En regard de tous ces faits, on n'en oppose qu'un : celui des essais de la ville de Paris, au sujet desquels on assure que la salubrité n'est pas compromise, que la méthode est simple et expéditive, et que le résultat commercial est avantageux. Mais, d'abord, ce sont des *essais*, c'est-à-dire des opérations où la sanction de la pratique en grand a manqué. Ensuite, au point du vue financier, on ne peut absolument rien conclure des résultats obtenus à Clichy : car la valeur vénale de l'engrais est, à ce jour, absolument inconnue; on aperçoit seulement dès à présent qu'on ne vendrait pas plus de 14 francs ce qui en coûte 19. Sous le rapport sanitaire, on est dans la même incertitude, les conditions où l'on a opéré, différant notablement de celles qu'il faut prévoir. En effet, d'un côté, le volume de l'eau épurée est insignifiant par rapport au débit total de la ville, et, d'un autre côté, cette eau ne renferme qu'une faible partie des immondices qu'elle devra contenir plus tard; privée comme elle l'est, aujourd'hui, des matières fécales et d'une portion des résidus ménagers, c'est de l'eau relativement pure, comparée à celle que le progrès naturel des choses amènera à avoir un jour. Enfin, même dans ces conditions particulièrement favorables à la réussite des agents chimiques, les auteurs des essais sont les premiers à reconnaître que cette solution n'est point la meilleure. Ils la déclarent coûteuse et avouent qu'elle fait perdre les quatre septièmes de la richesse fertilisante : ce qu'ils y voient surtout, c'est une ressource pour les cas où les méthodes naturelles feront défaut.

L'insuffisance des procédés chimiques est donc manifeste; c'est autrement que l'eau d'égout doit être employée.

L'eau d'égout doit être répandue sur les terres cultivées, telle qu'elle sort des villes, sans traitement ni préparation d'aucune sorte, ou, comme on dit, *à l'état naturel*. La seule précaution à prendre, c'est à l'aide d'un grillage, d'éliminer les corps encombrants; quant aux matières en suspension elles ne font point obstacle à l'élévation mécanique des eaux ni à leur distribution dans des canaux.

Divers motifs établissent la supériorité de cette méthode :

1° De tous les moyens de transporter les éléments fertilisants contenus dans l'eau d'égout, le plus simple et le plus économique est souvent de faire couler cette eau elle-même aux lieux de consommation;

2° L'eau d'égout présente l'engrais sous la forme la mieux appropriée à la végétation. L'expérience prouve, en effet, que dans les villes bien drainées et bien pourvues d'eau alimentaire, les matières fertilisantes, tout naturellement et par la force même des choses, se trouvent délayées au point que réclame la culture. Ni trop pauvre ni trop riche, l'engrais peut être immédiatement absorbé par les plantes, sans qu'il soit besoin de l'affaiblir ou de le renforcer. D'ailleurs, cet engrais se suffit à lui-même, c'est-à-dire que le liquide d'égout, à l'état naturel, renferme dans un juste équilibre tous les éléments nécessaires aux récoltes;

3° La végétation est l'instrument le plus puissant et le moins coûteux pour obtenir la séparation des principes fertilisants. Nul traitement artificiel n'utilise ces principes en aussi forte proportion, et par conséquent ne livre aux rivières des eaux aussi bien purifiées. C'est seulement après avoir subi l'action purificatrice des plantes que les liquides d'égout peuvent être impunément déversés dans les cours d'eau;

4° Le mode de séparation par les végétaux, non-seulement ne développe pas les odeurs des traitements artificiels, mais même arrête celles qu'exhalent naturellement les liquides d'égout. Le contact de la plante produit, en effet, une désinfection immédiate, et il semble que les principes odorants soient les premiers fixés.

Ces derniers avantages ne sont complétement obtenus que sous certaines conditions, à savoir quand l'eau d'égout est appliquée à l'arrosage des prairies permanentes, et spécialement aux prairies formées de *ray-grass* d'Italie. La présence d'une végétation serrée et active est indispensable pour épurer les eaux et sauvegarder la salubrité. C'est par suite d'une erreur sur les rôles respectifs du sol et de la plante qu'on a songé à arroser des cultures maraîchères ou à faire du colmatage. L'action du sol, dans l'épuration du liquide, est secondaire; c'est la plante qui exerce l'action sélective et qui s'enrichit. Le sol n'est en quelque sorte que le théâtre des phénomènes; il abandonne tout au végétal et ne peut retenir pour lui-même que des matières terreuses en suspension, lesquelles n'ont qu'une faible part dans l'infection des cours d'eau.

La nature et la constitution du sol importent donc peu au résultat final des opérations. Ce qu'on doit rechercher à peu près exclusivement, c'est que le terrain soit meuble et pourvu de moyens d'écoulement assurés. La grande, l'unique condition, c'est que l'eau ne séjourne jamais, ni autour des plantes ni dans les rigoles, et que partout où se trouve une matière putrescible, cette matière rencontre aussitôt une plante pour l'absorber; en un mot, la végétation doit être *sans solution de continuité.* Avec des liquides d'égout très-riches en résidus organiques, ou si l'on opère sur une grande échelle, la culture maraîchère, et à plus forte raison le colmatage, seraient une source d'infection pour la contrée.

L'eau d'égout doit être distribuée au sol *par gravitation*, c'est-à-dire coulant librement à la surface. Si la topographie du terrain ne s'y prête pas, il ne faut pas craindre d'élever l'eau mécaniquement: cette opération, moins coûteuse qu'on ne le pense généralement, n'atteint pas pour les grandes villes, même avec les prix de combustible du continent, 2 centimes par mètre cube remonté à 100 mètres de hauteur.

Enfin, au point de vue commercial, l'arrosage des prairies est une entreprise fructueuse, pourvu que l'eau d'égout contienne la totalité des immondices de la ville et qu'on puisse se procurer des terrains à un prix raisonnable. Quand on ne se propose que l'épuration proprement dite, la surface d'arrosage strictement indispensable n'est pas très-grande : $1\frac{1}{2}$ hectare par 1.000 habitants, pour les villes richement pourvues d'eau, peut suffire. Tel est le minimum de superficie qu'il devrait être permis aux villes d'exproprier pour les besoins de leur assainissement. Avec des surfaces plus étendues, le profit agricole augmente naturellement, et le maximum de rendement paraît correspondre à une superficie quadruple, soit celle de 1 ½ hectare par 250 âmes de population; c'est environ une dose de 10.000 mètres cubes d'eau d'égout à l'hectare. A cette dose, l'eau d'égout prend une valeur, sur les lieux d'arrosage, de $0^f,12$ à $0^f,15$ le mètre cube, laquelle dans les circonstances ordinaires assure la rémunération des capitaux engagés.

Tels sont les principes généraux qui dirigent les irrigations à l'eau d'égout. Ces entreprises, pratiquées de temps immémorial dans trois ou quatre localités, se poursuivent aujourd'hui sur un grand nombre de points. On en compte plus de trente en Angleterre, sans parler de celles qui se préparent. Au-dessus de toutes se place, par la grandeur de sa conception, celle qui a pour but d'utiliser les déjections de la ville de Londres. On estime à 40 millions de francs par an la valeur du fleuve fertilisant qui se perd actuellement à la mer et que de hardis travaux se disposent à intercepter. A la suite de l'Angleterre, la Belgique est entrée dans la même voie : ses commissions d'ingénieurs et de savants sont venues à leur tour rendre hommage aux pratiques agricoles du Royaume-Uni, et ont eu l'ambition d'en doter leur pays. Seule, la ville de Paris, dont l'exemple serait d'un si grand effet sur le monde, hésite encore. Pour compléter son assainissement il lui manque d'oser abolir, pour tout envoyer aux égouts, les fosses d'aisances qui souillent son sous-sol et qui perpétuent dans cette cité magnifique le plus affligeant contraste entre le dedans et le dehors. Le jour où cette réforme sera accomplie, la ville de Paris sera inévitablement amenée à chercher, comme Londres et Bruxelles, dans une vaste entreprise d'irrigations, la solution sanitaire que les procédés chimiques seront impuissants à lui donner.

Extrait des *Annales des mines*, tome XVI, 1869.

TABLE DES MATIÈRES.

CHAPITRE PREMIER.

PROCÉDÉS CHIMIQUES.

Pages.

Applications en Angleterre. 3
Essais en Belgique. 17
Essais en France. 19

CHAPITRE II.

PROCÉDÉS AGRICOLES OU EMPLOI SUR LES TERRES CULTIVÉES.

Principales règles de l'irrigation. 42
Dose à l'hectare. 55
Valeur de l'eau d'égout et bénéfices de l'irrigation. 65

CHAPITRE III.

DESCRIPTION DE DIVERSES ENTREPRISES D'IRRIGATIONS.

Irrigations diverses en Angleterre. 71
Irrigations de Londres. 84
Irrigations de Bruxelles. 105
Irrigations de Milan. 109
Projets d'irrigation pour Paris. 114

CONCLUSIONS. 126

Paris. — Imprimerie de Cusset et Ce, rue Racine, 26.

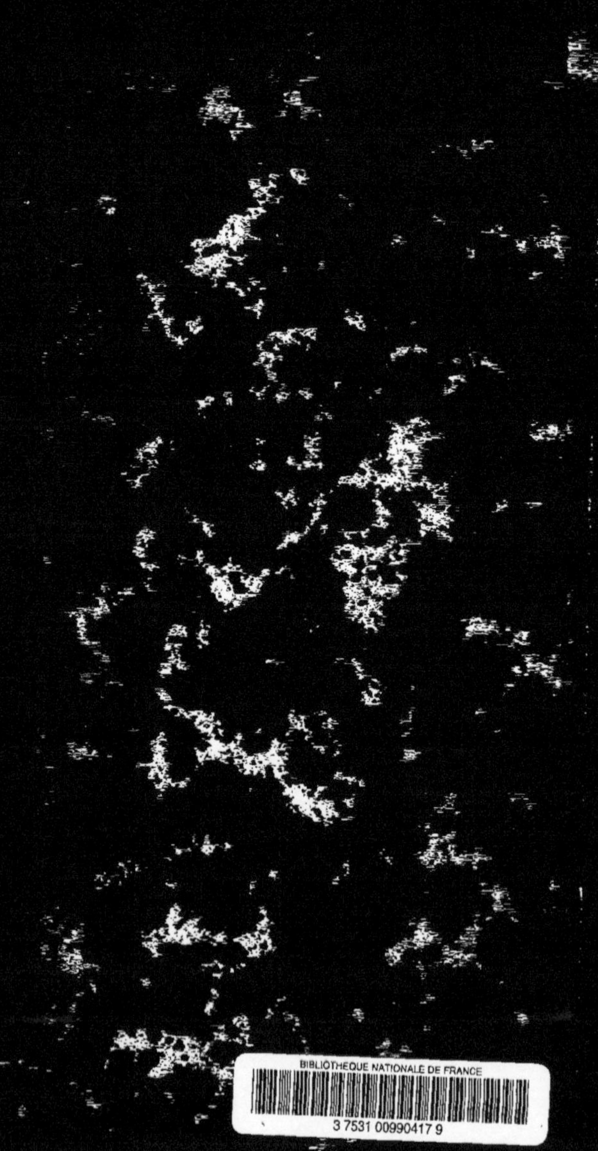

www.ingramcontent.com/pod-product-compliance
Ingram Content Group UK Ltd.
Pitfield, Milton Keynes, MK11 3LW, UK
UKHW021059200726
13857UKWH00003B/1013

9 782011 929280